R Manikandan

Robótica - Uma introdução

R Manikandan

Robótica - Uma introdução

ScienciaScripts

Cover image: www.ingimage.com

This book is a translation from the original published under ISBN 978-620-7-45874-5.

Publisher:
Sciencia Scripts
is a trademark of
Dodo Books Indian Ocean Ltd. and OmniScriptum S.R.L publishing group

120 High Road, East Finchley, London, N2 9ED, United Kingdom
Str. Armeneasca 28/1, office 1, Chisinau MD-2012, Republic of Moldova, Europe
Printed at: see last page
ISBN: 978-620-8-27720-8

Conteúdo

Prefácio

A robótica desempenha atualmente um papel vital na maioria das indústrias. As aplicações da Robótica são enormes e a sua necessidade aumenta de dia para dia. O objetivo deste livro é dar uma introdução básica à Robótica e às suas vastas aplicações nas indústrias. O livro é composto por três capítulos, nomeadamente, introdução geral à Robótica, sensores utilizados na Robótica e programação básica de Robótica.

Agradecimentos

Escrever um livro é mais difícil do que eu pensava e mais gratificante do que alguma vez poderia ter imaginado. Nada disto teria sido possível sem a minha família. Agradeço aos meus pais o seu apoio e a confiança que depositaram em mim. Agradeço à minha mulher e à minha filha pela sua paciência, apoio e encorajamento durante este trabalho. Agradeço muito a todos os meus simpatizantes, colegas e amigos pela sua inspiração e ajuda.

Dr. R. MANIKANDAN

Capítulo 1

Robótica: Introdução

História da Robótica

Na Grécia antiga, o engenheiro grego Ctesibius (c. 270 a.C.) "aplicou conhecimentos de pneumática e hidráulica para produzir os primeiros relógios de órgão e de água com figuras móveis.

Aplicações gerais do Robot

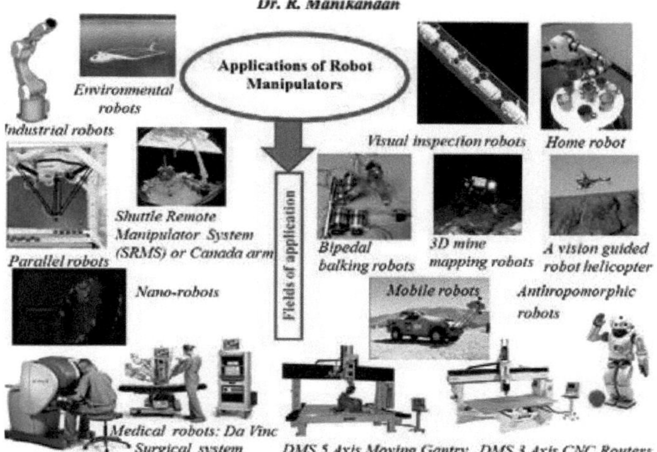

Aplicações gerais do Robot

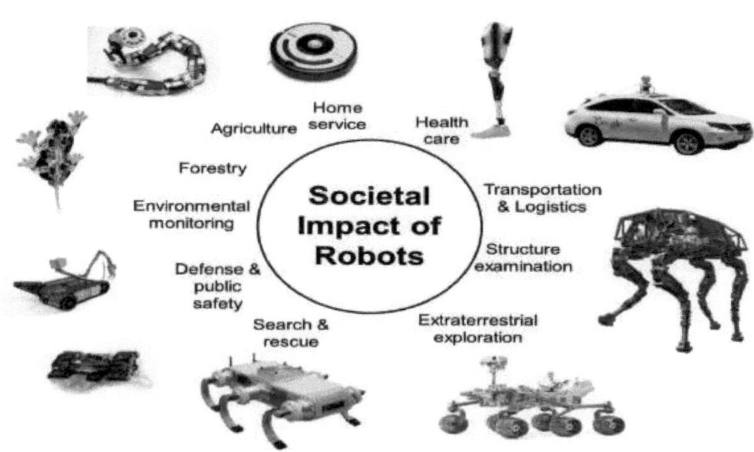

Aplicações em tempo real do Robot

Tarefas dos robots:

Perigoso

1. Exploração espacial
2. Desarmar as bombas
3. Limpeza de catástrofes

Aborrecido e/ou repetitivo

1. Soldadura de quadros de automóveis
2. Recolha e colocação de peças
3. Peças de fabrico

Alta precisão ou alta velocidade

1. Ensaios de eletrónica
2. Cirurgia
3. Maquinação de precisão.

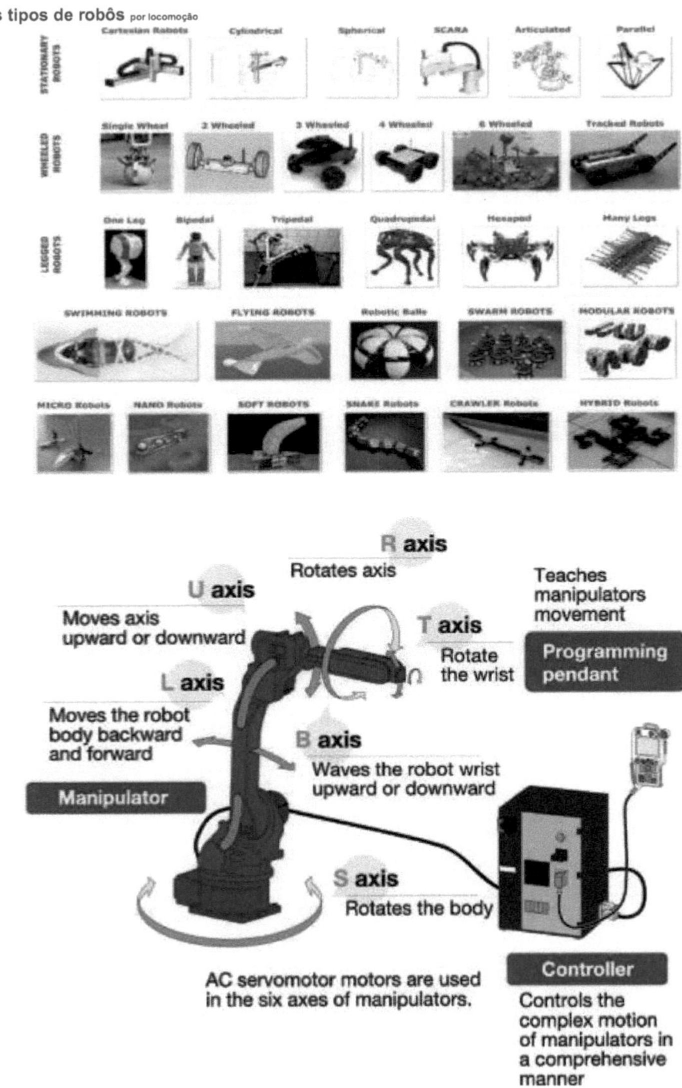

Robô industrial

- As articulações envolvem normalmente movimentos de deslizamento/rotação,
- O corpo, o braço e o pulso são designados por manipulador
- A ferramenta fixada ao pulso do robô é designada por "End Effector".
- O efector final não é considerado como parte da anatomia do robô
- As articulações do braço e do corpo são utilizadas para posicionar o efector final
- As articulações do pulso do manipulador são utilizadas para orientar o efector final

Robot - Definição

Um robô é um agente artificial mecânico ou virtual, geralmente uma máquina eletromecânica que é guiada por um programa de computador ou por circuitos electrónicos. Qualquer máquina fabricada por um dos nossos membros: Instituto de Robótica da América

Um robô é um manipulador reprogramável e multifuncional concebido para mover materiais, peças, ferramentas ou dispositivos especializados através de movimentos variáveis programados para a execução de uma variedade de tarefas: Robot Institute of America, 1979

TRÊS LEIS DA ROBÓTICA

1. **Um robô não deve ferir um ser humano ou, por inação, £ permitir que um ser humano seja ferido.**
2. **Um robô deve obedecer às ordens que lhe são dadas por seres humanos , exceto se essas ordens entrarem em conflito com a Primeira Lei.**
3. **Um robô deve proteger a sua própria existência, desde que essa proteção não entre em conflito com a Primeira ou Segunda Leis.**

AS TRÊS LEIS DA ROBÓTICA

Primeira Lei: Um robô não pode ferir um ser humano ou, por inação, permitir que um ser humano seja ferido.

Segunda Lei: Um robô deve obedecer às ordens que lhe são dadas por seres humanos, exceto se essas ordens entrarem em conflito com uma lei de ordem superior

Terceira Lei: Um robô deve proteger a sua própria existência, desde que essa proteção não entre em conflito com uma lei de ordem superior.

Cinco mandamentos

Lei 1: Um robô não pode ferir um ser humano ou permitir que um ser humano se magoe - a menos que esteja a ser supervisionado por outro ser humano.

Lei 2: Um robô deve ser capaz de se explicar a si próprio.

Lei 3: Um robô deve resistir à tentação de se classificar.

Lei 4: Um robô não pode fazer-se passar por um humano.

Lei 5: Um robô deve ter sempre um interrutor para se desligar.

Caraterísticas de um robô industrial

Um robô espera realizar uma tarefa no mundo real, e a sua capacidade de posicionar e orientar o efector final no local desejado é repetida.

Os três factores seguintes definem a precisão.

Resolução espacial

Exatidão

Repetibilidade

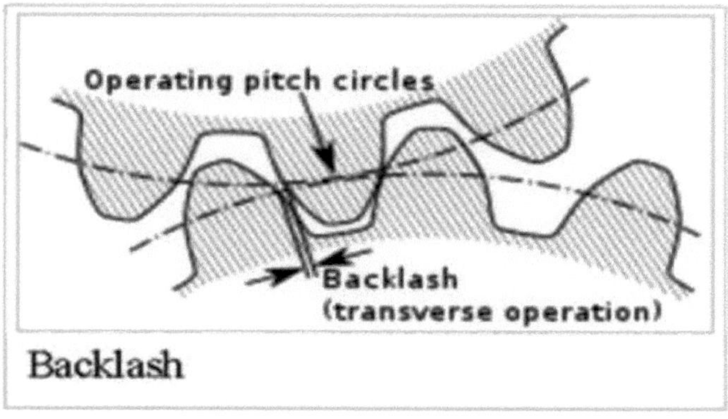

Backlash

1. **RESOLUÇÃO ESPACIAL**

Definido como o menor incremento de movimento em que o robot pode dividir o seu volume de trabalho. Depende de dois factores: a resolução de controlo do sistema e as imprecisões mecânicas do robô. A resolução do controlo é determinada pelo sistema de controlo da posição do robô e pelo seu sistema de medição de retorno. Capacidade de dividir a amplitude total de movimento de uma determinada articulação em incrementos individuais que podem ser tratados no controlador. Os incrementos são por vezes referidos como pontos endereçáveis. A capacidade de dividir a gama de articulações em incrementos depende da capacidade de armazenamento de bits na memória de controlo. O número de incrementos para um eixo é dado por 2^n . Um robot com memória de armazenamento de 8 bits pode ter uma gama de 256 posições discretas. As imprecisões mecânicas resultam da deflexão elástica dos elementos da estrutura, da folga das engrenagens, do estiramento dos cabos das polias, da fuga de fluidos hidráulicos e de outras imperfeições do sistema mecânico. Também são afectadas pela carga que está a ser manuseada, pela velocidade de movimentação do braço, pelo estado de manutenção do robô

2. **Exatidão**

Capacidade de posicionar a extremidade do punho num ponto-alvo desejado dentro do volume de trabalho.

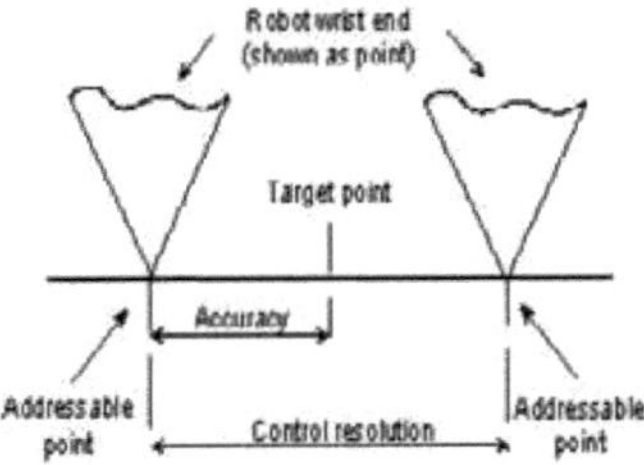

Figura: Diagrama da precisão num quadro de duas dimensões, sem considerar a imprecisão mecânica

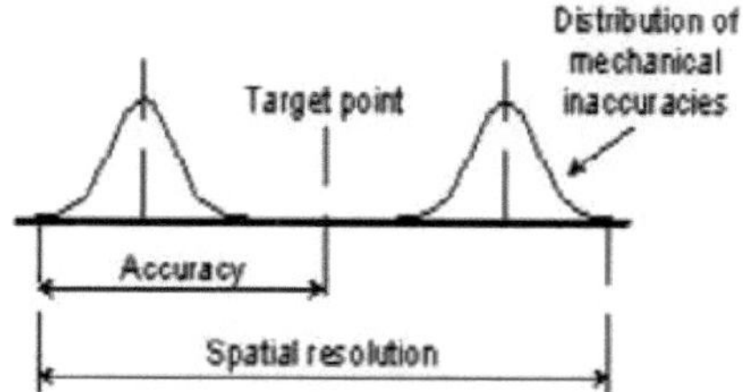

Figura: Diagrama de precisão e resolução espacial em que as imprecisões mecânicas são representadas por uma distribuição estatística

Mapa de erros:

Caracterizar o nível de precisão do robot em função da sua localização no volume de trabalho.

Fator que influencia a precisão:

- ❖ A precisão é melhorada se o ciclo de movimento for restringido a uma gama de trabalho limitada.
- ❖ Os erros mecânicos serão reduzidos quando o robô for exercitado através de uma gama de movimentos restrita.
- ❖ Precisão local: Referência dentro do espaço de trabalho limitado.
- ❖ Precisão global: precisão avaliada dentro de todo o volume de trabalho do robot.
- ❖ Carga: É um terceiro fator que influencia a precisão.
- ❖ Afetado por muitos factores
- ❖ Imprecisões mecânicas
- ❖ Gama de trabalho

3. Repetibilidade

- ❖ Capacidade de posicionar o pulso num ponto do espaço que foi ensinado
- ❖ A precisão está relacionada com a sua capacidade de ser programada para atingir um determinado ponto-alvo
- ❖ O ponto programado e o ponto alvo podem ser diferentes devido a limitações de resolução
- ❖ A capacidade de repetição refere-se à capacidade de regressar ao ponto programado quando lhe é dado um comando para o fazer

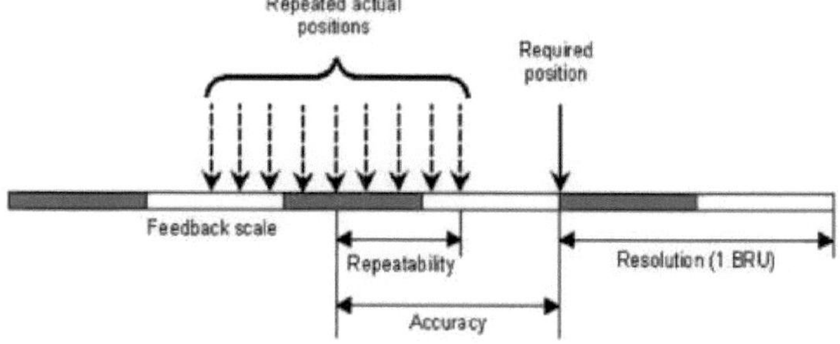

Figura: Exemplo de representação da resolução, precisão e repetibilidade de um braço de robot

4.Conformidade

- ❖ Deslocação da extremidade do punho em resposta a uma força ou a um binário exercido contra ela

❖ Uma elevada complacência significa que o pulso é deslocado em grande quantidade por uma pequena força, conhecida como "elástica".

❖ Reduzir a precisão do movimento do robot sob carga

❖ Se o robô estiver a pressionar uma ferramenta contra uma peça de trabalho, a força de reação da peça pode causar deflexão no manipulador.

Vantagens da robótica

❖ A robótica e a automação podem, em muitas situações, aumentar a produtividade, a segurança, a eficiência, a qualidade e a consistência dos produtos.

❖ Os robôs podem trabalhar em ambientes perigosos como a radiação, a escuridão, o calor e o frio, os fundos oceânicos, o espaço, etc., sem necessidade de suporte de vida, conforto ou preocupação com a segurança.

❖ Os robôs não necessitam de conforto ambiental, como iluminação, ar condicionado, ventilação e proteção contra o ruído.

❖ Os robôs trabalham continuamente sem se cansarem, sem fadiga ou aborrecimento.

❖ Não se zangam, não têm ressacas e não precisam de seguro de saúde ou de férias.

❖ Os robôs têm sempre uma precisão repetível, exceto se lhes acontecer alguma coisa ou se se desgastarem.

❖ Os robots podem ser muito mais precisos do que os humanos. As precisões lineares típicas são de alguns dez milésimos de polegada.

❖ Os novos robots de manipulação de bolachas têm uma precisão de micropolegadas.

❖ Os robôs e os seus acessórios e sensores podem ter capacidades que ultrapassam as dos seres humanos.

❖ Os robôs podem processar vários estímulos ou tarefas em simultâneo. Os seres humanos só podem processar um estímulo ativo.

❖ Os robôs substituem os trabalhadores humanos, causando dificuldades económicas, insatisfação e ressentimento dos trabalhadores e a necessidade de reciclagem da mão de obra substituída.

❖ Os robôs não têm capacidade de resposta em situações de emergência, a menos que a situação seja prevista e a resposta esteja incluída no sistema.

Desvantagens da robótica

❖ São necessárias medidas de segurança para garantir que não causam ferimentos aos operadores e a outras máquinas que trabalham com elas.

Isto inclui:

❖ Respostas inadequadas ou incorrectas

❖ Falta de poder de decisão

❖ Perda de potência

❖ Danos no robot e noutros dispositivos

❖ Lesões em seres humanos

❖ Os robôs, embora superiores em certos sentidos, têm capacidades limitadas:

❖ Cognição, criatividade, tomada de decisões e compreensão

❖ Graus de liberdade e destreza

❖ Sensores e sistemas de visão

❖ Resposta em tempo real

Os robôs são dispendiosos devido a:

❖ Custo inicial do equipamento e da instalação

❖ Necessidade de periféricos
❖ Necessidade de formação
❖ Necessidade de programação

Componentes de um robô industrial e terminologia de robôs

❖ **Manipulador ou Rover**: Corpo principal do robot
❖ (Ligações, juntas, outros elementos estruturais do robot)
❖ **Efetuador final**: A parte que está ligada à mão da última articulação de um manipulador.
❖ **Actuadores**: Músculos dos manipuladores (servomotor, motor de passo, cilindro pneumático e hidráulico).
❖ **Sensores**: Para recolher informações sobre o estado interno do robô ou para comunicar com o ambiente exterior.
❖ **Controlador**: Semelhante ao cerebelo. Controla e coordena o movimento dos actuadores.
❖ **Processador**: O cérebro do robô. Calcula os movimentos e a velocidade das articulações do robô, etc.
❖ **Software**: Sistema operativo, software robótico e coleção de rotinas.

Componentes do robô e seus movimentos

❖ Robôs concebidos para efetuar operações de recolha e colocação, soldadura, montagem, etc.
❖ O corpo, o pulso e o braço movem-se através de uma série de posições
❖ Os movimentos individuais das articulações associados à execução de uma tarefa são designados pelo termo graus de liberdade (DOF)
❖ Um robô industrial típico tem 4 a 6 graus de liberdade
❖ A abertura/fecho da pinça não é considerada como um DOF
❖ A ligação entre as várias articulações do manipulador é feita por elementos rígidos denominados elos, que podem ser uma cadeia em série/paralela.

Juntas básicas

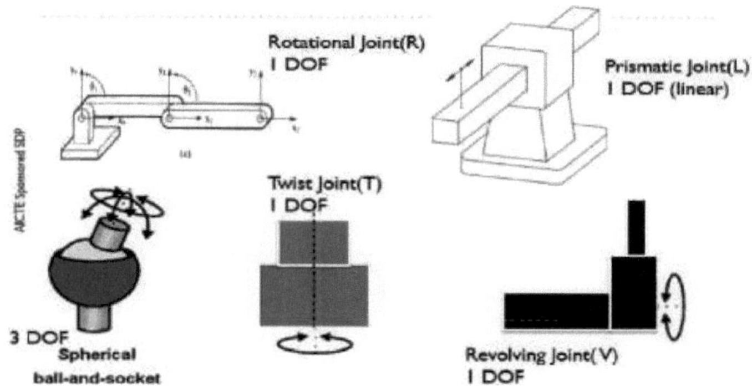

LIGAÇÕES E JUNÇÕES

1. Ligações e juntas

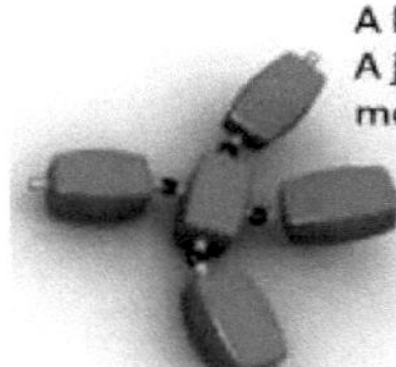

A link is a part, a shape with physical properties.
A joint is a constraint on the spatial relations of two or more links.

Each joint provides a **"Degree-of-Freedom"**
Most robots possess five or six degrees-of-freedom
Robot manipulator consists of two sections:
Body-and-arm – for positioning of objects in the robot's work volume
Wrist assembly – for orientation of objects

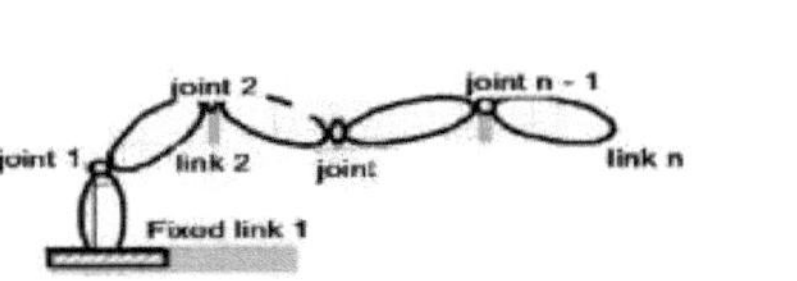

2.Robot Motions w.r.t Joint Notation Scheme

- Linear joint
  (type L)
- Orthogonal joint
  (type O)
- Rotational joint
  (type R)
- Twisting joint
  (type T)

Revolving joint
(type V)

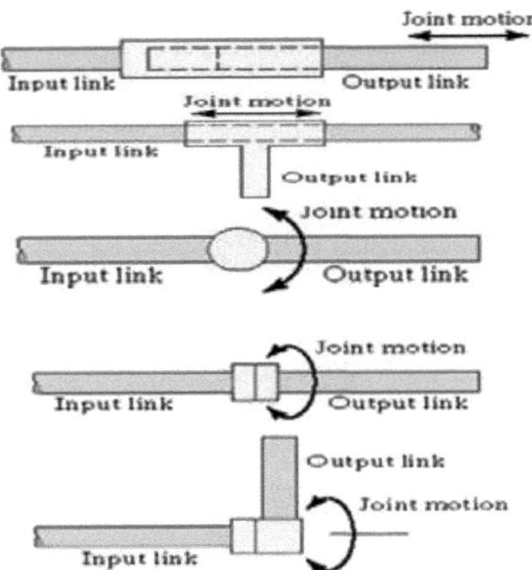

Joint Notation Schemes

Table 2.1 *Notation scheme for designating robot configurations.*

Robot configuration (arm and body)	Symbol
Polar configuration	TRL
Cylindrical configuration	TLL,LTL,LVL
Cartesian coordinate robot	LLL
Jointed arm configuration	TRR, VVR
Robot configuration (wrist)	**Symbol**
Two-axis wrist (typical)	:RT
Three-axis wrist (typical)	:TRT

Três - deslocação do braço e do corpo do robô

Deslocação vertical: A capacidade de mover o pulso para cima/baixo para obter a atitude vertical desejada

Deslocação radial: Envolve a extensão/retração (movimento para dentro ou para fora) do braço a partir do centro vertical do robô

Travessia rotacional: É a rotação do braço em torno do eixo vertical

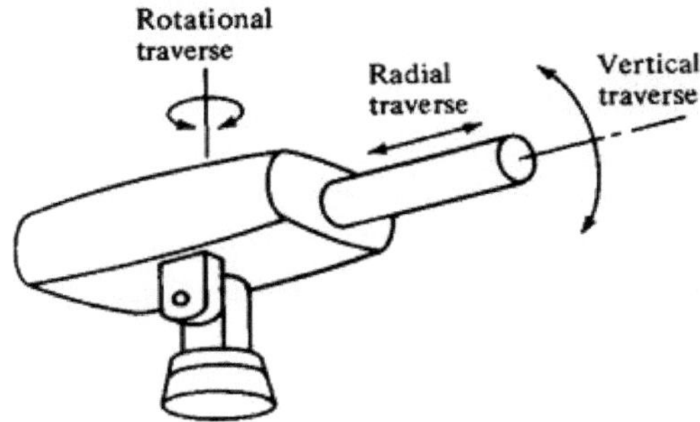

Movimento do pulso

O movimento do pulso permite ao robô orientar corretamente a garra para executar uma tarefa.

Fornecido com até 3 DOF que são

- Inclinação/dobragem do pulso: proporciona uma rotação para cima e para baixo do pulso
- Rotação do pulso: rotação do pulso para a direita e para a esquerda
- Rotação do pulso: Permite a rotação do pulso em torno do eixo do braço.

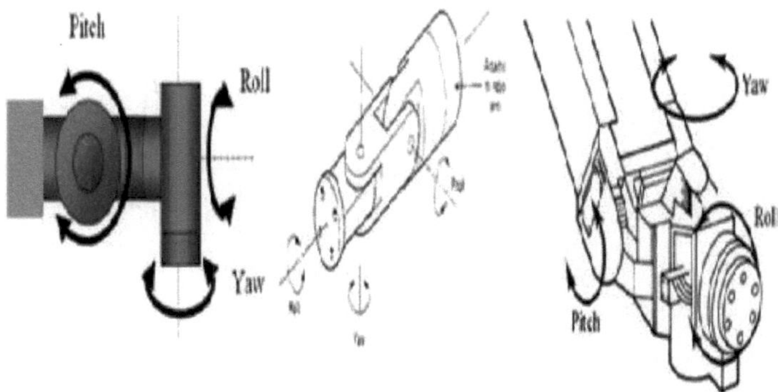

Exemplo de um robô industrial.

Six Axis PUMA robot

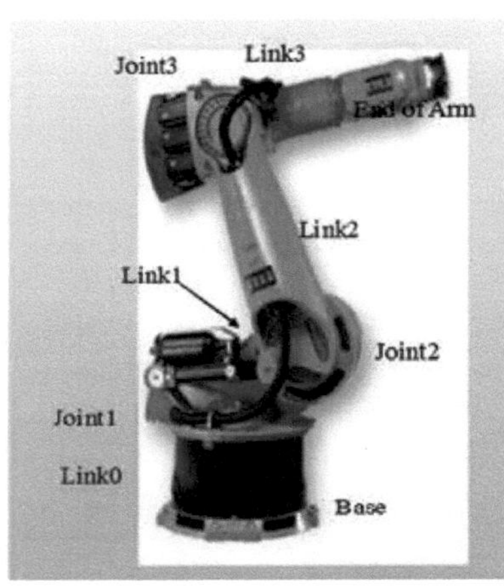

MANIPULATOR

Manipulator consists of joints and links

- Joints provide relative motion.
- Links are rigid members between joints.
- Various joint types: linear and rotary.

O manipulador é constituído por articulações e ligações

As articulações proporcionam movimentos relativos.

As ligações são elementos rígidos entre as articulações.

Vários tipos de juntas: lineares e rotativas.

4. Volume de trabalho

É definido como o espaço dentro do qual o robot pode manipular a sua extremidade do pulso.

É determinado por

1. Configuração física dos robôs
2. dimensão dos componentes do corpo, do braço e do pulso
3. limites dos movimentos das articulações do robot

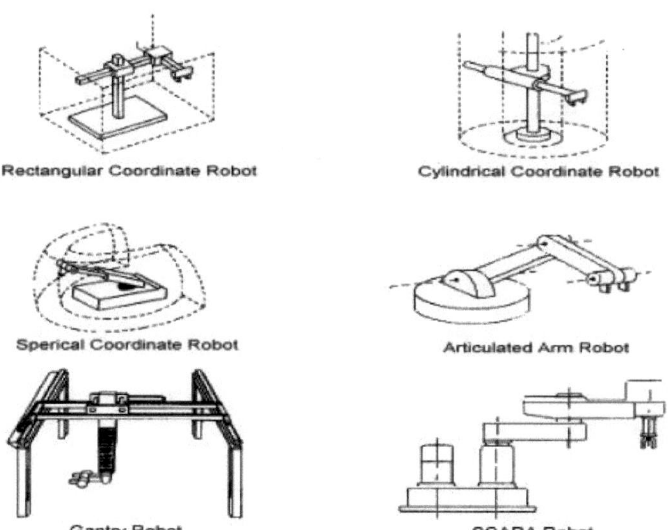

Classificações dos robôs 1. Cinco configurações comuns de robôs

Com base numa variedade de tamanhos, formas e configuração física Configuração de coordenadas cartesianas Configuração cilíndrica Configuração polar ou esférica Configuração de braço articulado ou com juntas Configuração de braço robótico de montagem de conformidade selectiva (SCARA)

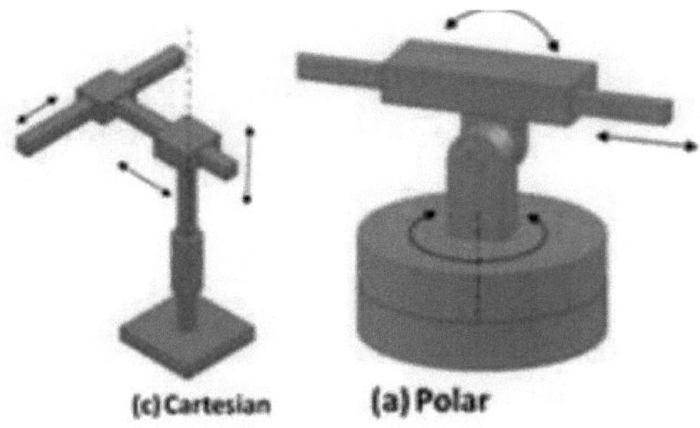

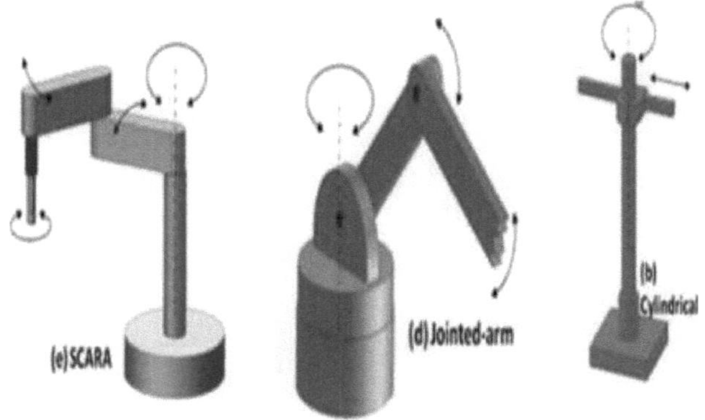

Configuração de coordenadas cartesianas

Utiliza três lâminas perpendiculares para construir os eixos x, y e z. O eixo X representa os movimentos para a direita e para a esquerda, o eixo Y representa os movimentos para a frente e para trás e o eixo Z representa os movimentos para cima e para baixo. A designação cinemática é LOO/LLL. Outras designações são robô xyz, robô retilíneo ou robô Gantry. Funcionam dentro de um volume de trabalho retangular

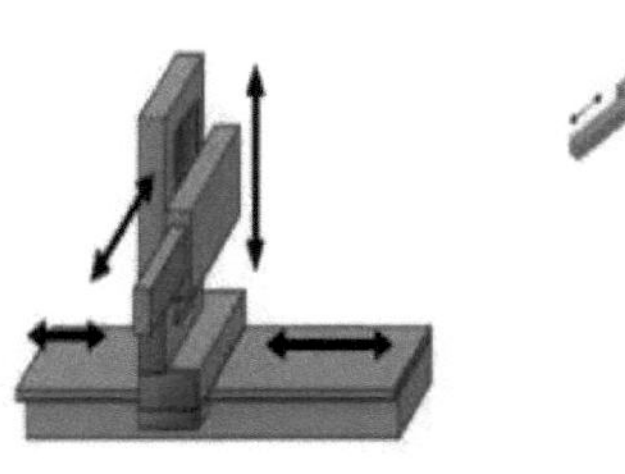

Vantagens

> Movimento linear em três dimensões
> Modelo cinético simples
> Estrutura rígida
> Maior repetibilidade e precisão
> Visualize facilmente
> Pode aumentar facilmente o volume de trabalho
> O acionamento pneumático de baixo custo pode ser utilizado para operações especiais
> Elevada capacidade de carga, uma vez que não difere em nenhum local do volume de trabalho

Desvantagem

> Necessita de um grande volume para funcionar
> O espaço de trabalho é mais pequeno do que o volume de trabalho
> Não é possível alcançar áreas sob objectos
> Deve ser coberto de partículas de pó

Aplicações
> Montagem
> Paletização, carga e descarga de máquinas-ferramentas
> Soldadura

2. Configuração cilíndrica

Utiliza uma coluna vertical que roda e uma corrediça que pode ser deslocada para cima ou para baixo ao longo da coluna. O braço está ligado à corrediça que pode ser movida para dentro e para fora. A designação cinemática é TLL, LTL, LVL. Funciona dentro de um volume de trabalho cilíndrico. O volume de trabalho pode ser limitado na parte de trás

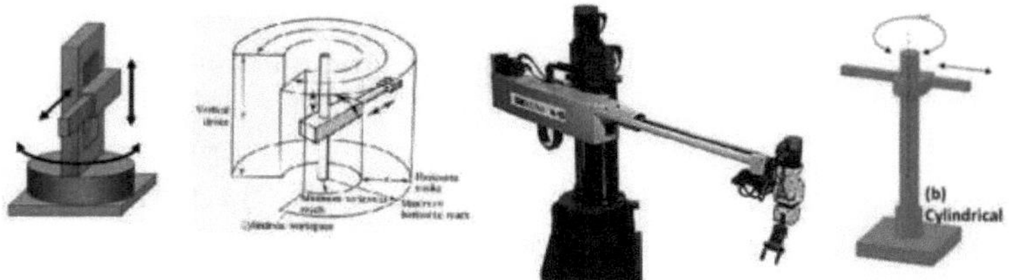

Vantagens
> Modelo cinemático simples
> Estrutura rígida e elevada capacidade de carga
> Visualize facilmente
> Muito potente quando são utilizados accionamentos hidráulicos

Desvantagens
> Espaço de trabalho restrito
> Menor repetibilidade e precisão
> Requer um controlo mais sofisticado

Aplicações
> Máquinas-ferramentas de paletização, carga e descarga > Transferência de materiais, indústrias de fundição e forja

Configuração polar ou esférica

Configuração mais antiga da máquina. Tem um movimento linear e dois movimentos rotativos. O primeiro movimento é uma rotação da base. O segundo movimento corresponde a uma rotação do cotovelo e o terceiro movimento é um movimento radial ou de entrada-saída. A designação cinemática é TRL. Capacidade de mover o braço num espaço esférico, daí ser conhecido como robô "esférico". A rotação do cotovelo e o alcance do braço limitam a conceção de um movimento esférico completo

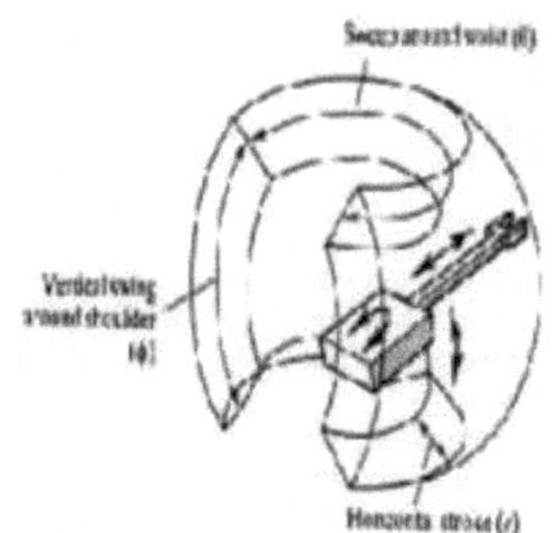

Vantagens

- Abrange um grande volume
- É capaz de se curvar e apanhar objectos do chão
- Elevada capacidade de alcance

Desvantagens

- Modelo cinemático complexo
- Difícil de visualizar

Aplicações

- Paletização
- Manuseamento de cargas pesadas

3. Configuração de braço articulado

Semelhante ao braço humano (antropomórfico). Consiste em dois componentes rectos, como o antebraço e o braço humanos, montados num pedestal vertical. Os componentes estão ligados por duas articulações rotativas correspondentes ao ombro e ao cotovelo. A designação cinemática é TRR, VVR. O volume de trabalho é esférico.

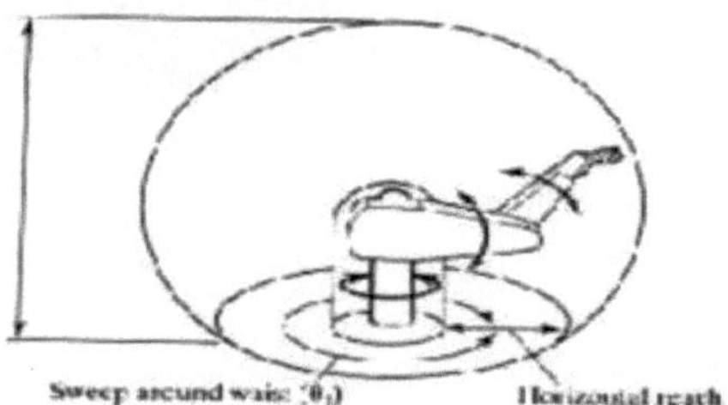

Vantagens

- Máxima flexibilidade
- Cobre um grande espaço em relação ao volume de trabalho objectos levantados do chão
- Adequado para motores eléctricos
- Maior capacidade de alcance

Desvantagens

- Modelo cinemático complexo
- Difícil de visualizar
- A estrutura não é rígida ao alcance total

Aplicações

> Soldadura por pontos, soldadura por arco

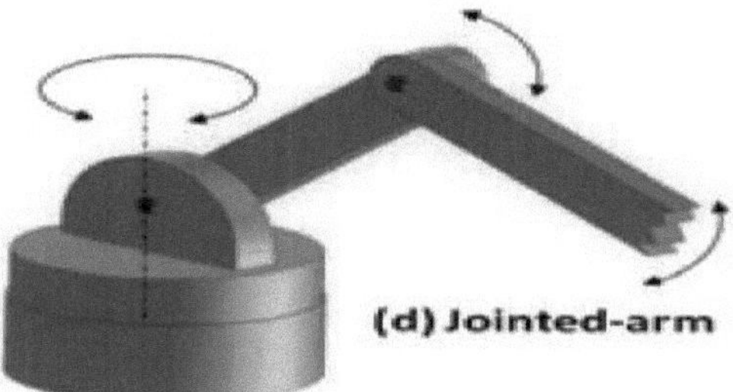

4. Configuração Scara (braço de robô de montagem com conformidade selectiva)
Mais comum nos robots de montagem. O braço é constituído por duas articulações rotativas horizontais na cintura e no cotovelo e por uma articulação prismática final. Pode alcançar qualquer ponto no plano horizontal definido por dois círculos concêntricos. A designação cinemática é RRP. O volume de trabalho é de natureza cilíndrica. A maioria das operações de montagem envolve a construção de um conjunto, colocando peças em cima de um conjunto parcialmente completo.

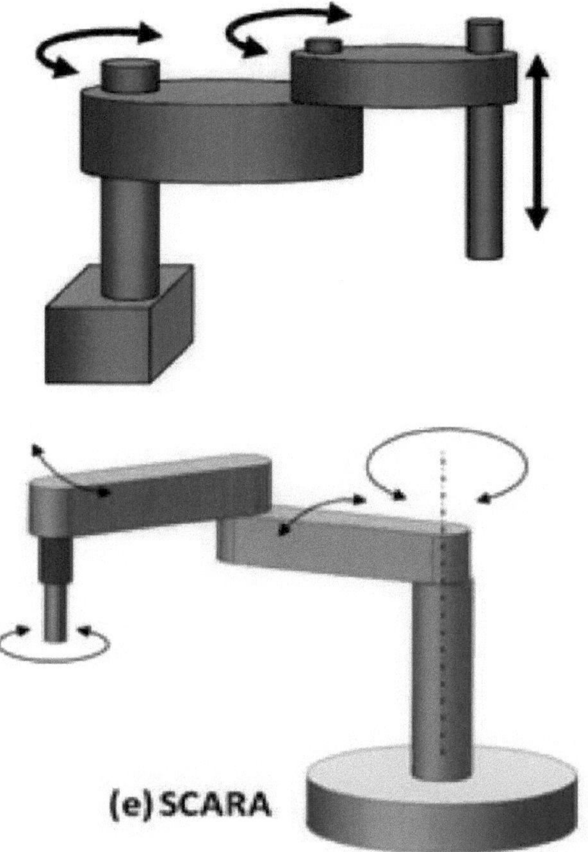

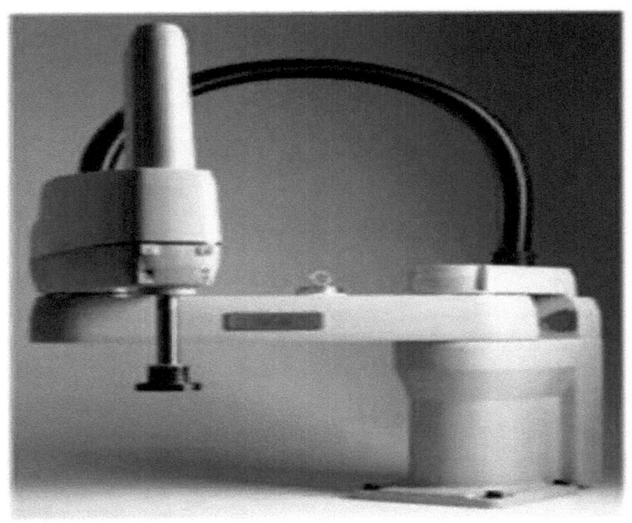

Vantagens

> A área do chão é pequena em comparação com a área de trabalho

Desvantagens

> O movimento retilíneo requer um controlo complexo das juntas rotativas Aplicações

> Operações de montagem

> Inspeção e medições

> Transferência de componentes

Visão artificial - Robótica e visão artificial

Introdução à visão artificial

A visão artificial diz respeito à deteção de dados de visão e à sua interpretação por um computador. O sistema de visão é constituído por

- ❖ Câmara
- ❖ Hardware de digitalização
- ❖ Computador digital
- ❖ Hardware e software

A operação do sistema de visão consiste em três funções

- ❖ Deteção e digitalização de dados de imagem
- ❖ Processamento e análise de imagens
- ❖ Aplicação

Funções do sistema de visão artificial

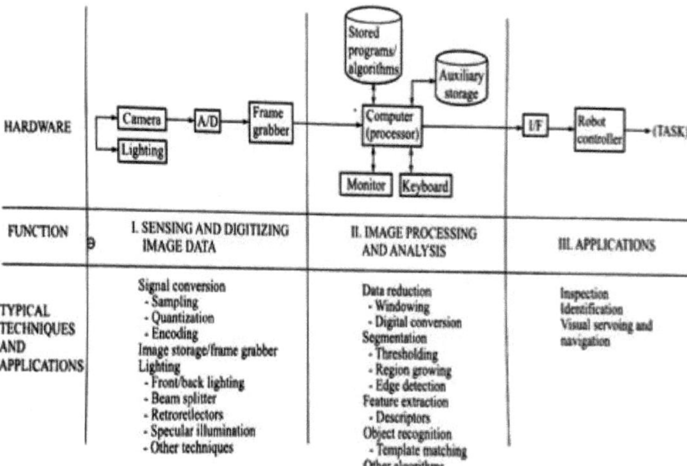

1. Função de deteção e digitalização

- Com a câmara focada na cena de interesse.
- Técnicas especiais de luz
- A imagem visualizada pela câmara é armazenada na memória do computador
- A imagem digital é designada por quadro de dados de visão
- Frame Grabber - Imagens frequentemente capturadas por um dispositivo de hardware
- Os elementos da matriz são Imagens, elementos ou pixéis
- O número de pixéis é determinado pelo processo de amostragem
- A intensidade de cada pixel é convertida num valor digital.

2. Processamento de imagem Vs Análise de imagem

- O processamento de imagens está relacionado com a preparação de uma imagem para posterior análise e utilização.
- Precisam de ser melhorados para reduzir o ruído; alguns podem precisar de ser simplificados; outros podem precisar de ser melhorados, alterados, segmentados, filtrados, etc.
- O processamento de imagens é o conjunto de rotinas e técnicas que melhoram,

simplificam, aperfeiçoam e alteram uma imagem

- A análise de imagens é o conjunto de processos através dos quais uma imagem captada e processada é analisada para extrair informações sobre o conteúdo e para identificar objectos ou outros factos relacionados com os objectos na imagem ou no ambiente.

3. Aquisição de imagens

- Existem dois tipos de câmaras de visão: analógicas e digitais.
- As câmaras analógicas já não são comuns, mas ainda existem e costumavam ser a câmara padrão nas estações de televisão.
- As câmaras digitais são o padrão atual e são praticamente todas iguais.
- Uma câmara digital de imagens em movimento é semelhante a uma câmara fotográfica digital com uma secção de gravação; de resto, o mecanismo de aquisição de imagens é o mesmo.

Imagens digitais

- As intensidades de luz em cada localização de pixel são medidas e convertidas em formato digital, independentemente do tipo de câmara ou sistema de aquisição de imagem.
- Os dados são armazenados na memória, num ficheiro ou em dispositivos de gravação com um formato de imagem como TIFF, JPG, Bitmap, etc., ou são apresentados num monitor.
- A informação armazenada é uma coleção de 0s e 1s que representam a intensidade da luz em cada pixel.

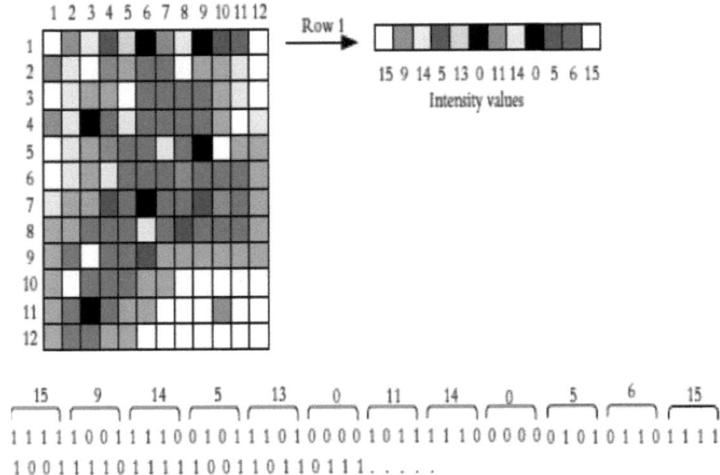

- Uma imagem com diferentes níveis de cinzento em cada localização de pixel é designada por imagem a cinzento.

Resolução e Quantização

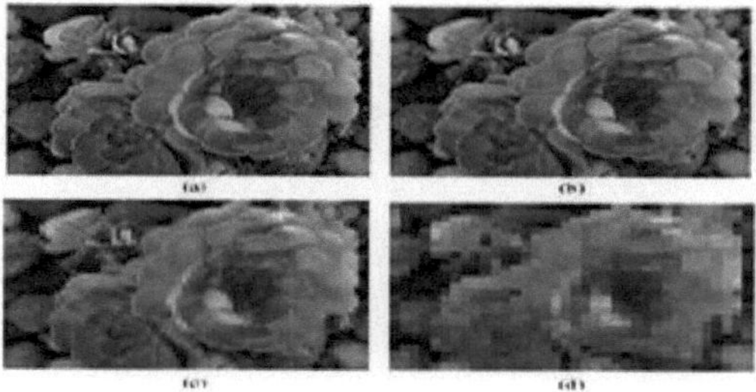

- A utilidade de uma imagem e dos dados.
- Resolução
- A frequência com que um sinal é medido e lido ou objeto de amostragem.
- Um maior número de amostras em tempos periódicos igualmente espaçados resulta numa maior resolução.
- A resolução de um sinal analógico é uma função da taxa de amostragem+
- A resolução de um sistema digital é uma função do número de pixéis presentes.
- À medida que a resolução diminui, a nitidez da imagem diminui.
- A resolução de quantização aumenta, a imagem torna-se mais suave

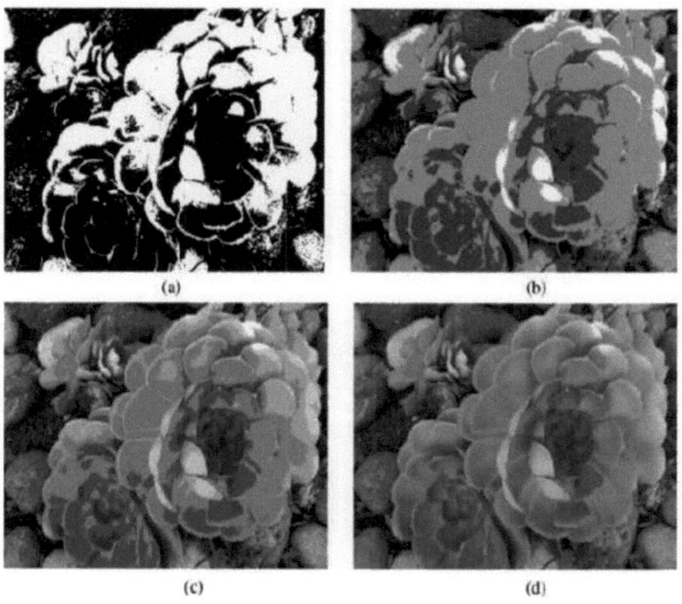

Amostragem

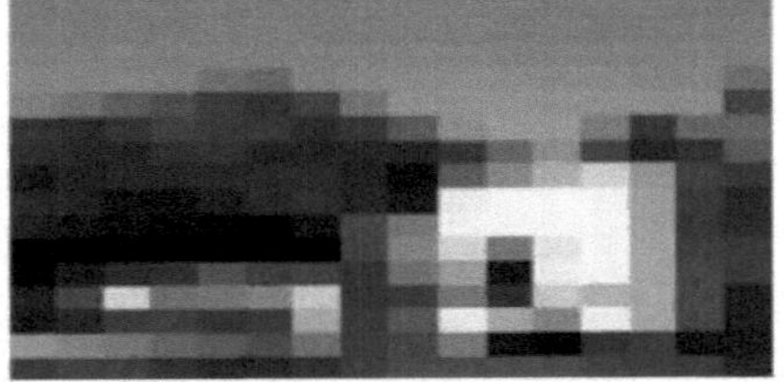

A low-resolution (1616) image

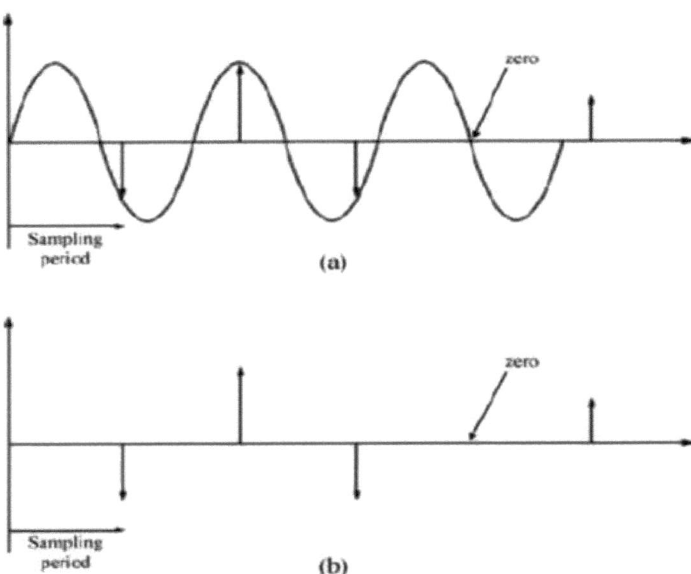

- Sinal sinusoidal com uma frequência de "f '
- amplitudes amostradas à taxa de fs.
- A perda de informação é designada por aliasing dos dados amostrados.
- Para evitar o aliasing
- A frequência de amostragem deve ser, pelo menos, o dobro da maior frequência presente no sinal
- Reconstruir o sinal original sem aliasing.
- A frequência mais elevada presente no sinal pode ser determinada a partir do espetro de frequência do sinal.
- As frequências mais altas têm amplitudes mais pequenas

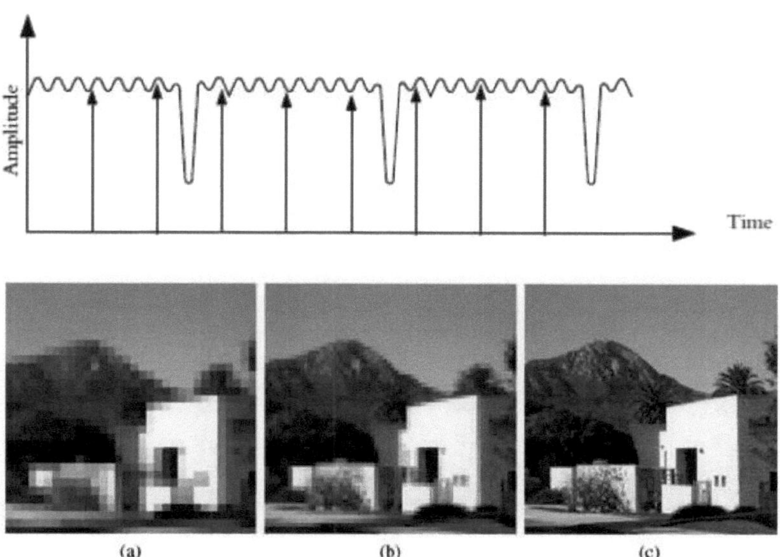

Em resoluções mais elevadas de a) 32 * 32 b) 64 * 64 c) 256 * 256

Quantização

- O valor do sinal num determinado ponto é convertido para a forma digital.
- Dependendo do número de bits utilizados para a quantização, as variações de cinzento da imagem serão alteradas
- O número total de possibilidades de níveis de cinzento é 2^n , em que n é o número de bits
- Para um conversor analógico-digital (ADC) de 1 bit, existem apenas duas possibilidades, ligado ou desligado, ou 0 ou 1 (designado por imagem binária)
- Para a quantização com um ADC de 8 bits, o número máximo de níveis de cinzento será de 256.
- Por conseguinte, a imagem terá 256 níveis de cinzento diferentes (0-255)

Técnicas de processamento de imagens

- As técnicas de processamento de imagem são utilizadas para melhorar, aperfeiçoar ou alterar uma imagem e para a preparar para análise de imagem.
- Durante o processamento de imagens, a informação não é extraída de uma imagem.
- Remover falhas, informações triviais ou informações que possam ser importantes mas não úteis para melhorar a imagem.
- O processamento de imagens divide-se em várias secções

1. Análise de histogramas
2. Limiarização
3. Mascaramento
4. Deteção de bordos
5. Segmentação
6. Região em crescimento
7. Modelação

1. **Histograma de imagens**

- É uma representação do número total de pixéis de uma imagem em cada nível de cinzento.

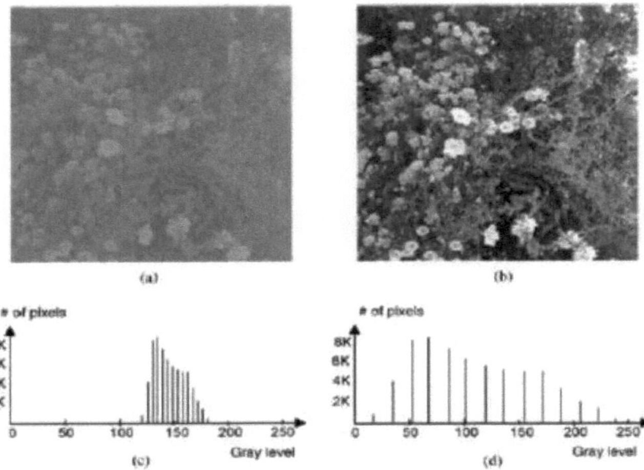

2. **Limiarização**

- A limiarização é o processo de divisão de uma imagem em diferentes porções ou níveis.
- Escolhendo um determinado nível de cinzento como limiar, comparando cada píxel com o valor do limiar e atribuindo o píxel às diferentes partes (ou níveis) de interesse
- Dependendo do facto de o nível de cinzento do pixel estar abaixo do limiar (desligado, zero ou não pertencente) ou acima do limiar (ligado, 1 ou pertencente).
- A limiarização pode ser efectuada num único nível ou com vários valores de limiarização, em que a imagem é processada dividindo-a em camadas, cada camada com um limiar selecionado

3. **Deteção de bordos**

- A deteção de margens é um nome geral para uma classe de rotinas e técnicas que operam numa imagem e resultam num desenho de linhas da imagem.
- As linhas representam alterações de valores, como secções transversais de planos, texturas, linhas e cores, diferenças de intensidade de luz entre partes e fundos ou caraterísticas como buracos e saliências, bem como diferenças de sombreado e texturas.

4. segmentação

- A segmentação é um nome genérico para uma série de técnicas diferentes que dividem a imagem em segmentos ou constituintes.
- O objetivo é separar a informação contida na imagem em entidades mais pequenas que podem ser utilizadas para outros fins.
- Um exemplo: -

o Uma imagem pode ser segmentada pelos bordos da cena ou pela divisão em pequenas áreas (blobs).

o Cada uma destas entidades pode então ser utilizada para processamento, representação ou identificação adicionais. A segmentação inclui, mas não se limita a, deteção de margens, crescimento de regiões e análise de texturas.

- Cada uma destas entidades pode então ser utilizada para processamento, representação ou identificação posterior.
- A segmentação inclui, mas não se limita a, deteção de bordas, crescimento de regiões e análise de textura.

Morfologia binária

- As operações de morfologia referem-se às operações efectuadas sobre a forma dos objectos numa imagem.
- Incluem muitas operações diferentes, tanto para imagens binárias como para imagens a cinzento, tais como

1) Espessamento,
2) Dilatação,
3) Erosão,
4) Esqueletização,
5) Abertura,
6) Encerramento, e
7) Enchimento

- Estas operações são efectuadas numa imagem para ajudar na análise da imagem, bem como para reduzir a informação "extra" que pode estar presente na imagem.
- As operações morfológicas são baseadas na teoria dos conjuntos.
- A união entre as duas linhas cria o paralelogramo (aplicar a primeira linha à segunda linha), enquanto a união entre os dois círculos mais pequenos é o círculo maior.
- O raio da primeira circunferência é adicionado à segunda, alargando-a. A isto chama-se dilatação. A isto chama-se dilatação.
- A imagem binária de um parafuso e a sua representação em forma de bastão (esqueleto)

- A união de duas geometrias cria uma dilatação.
- Um pixel adicionado ao perímetro de uma peça numa imagem

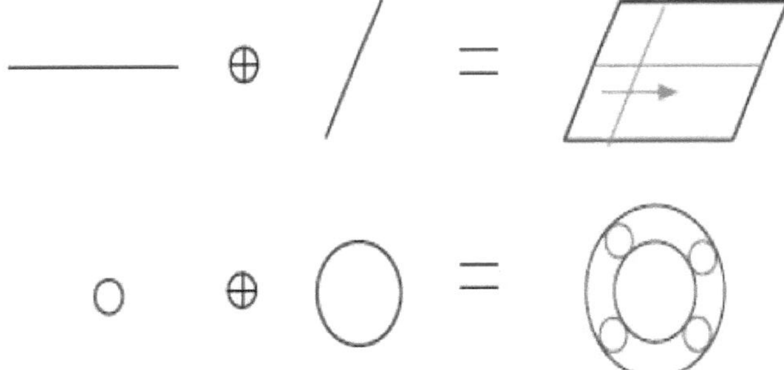

- A subtração de duas geometrias cria a erosão

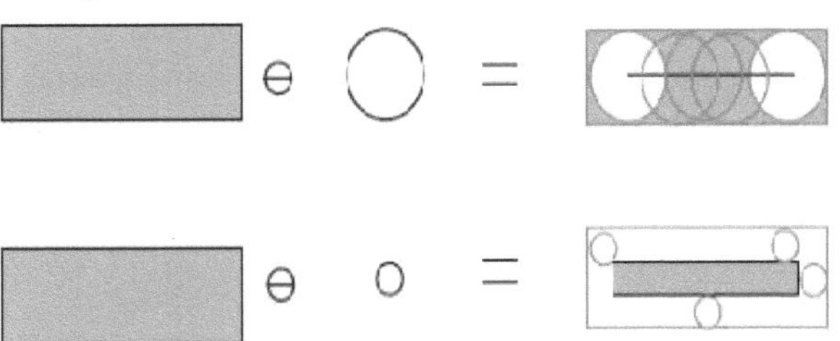

- O resultado da união das duas formas reduz a aparência dos picos e dos vales

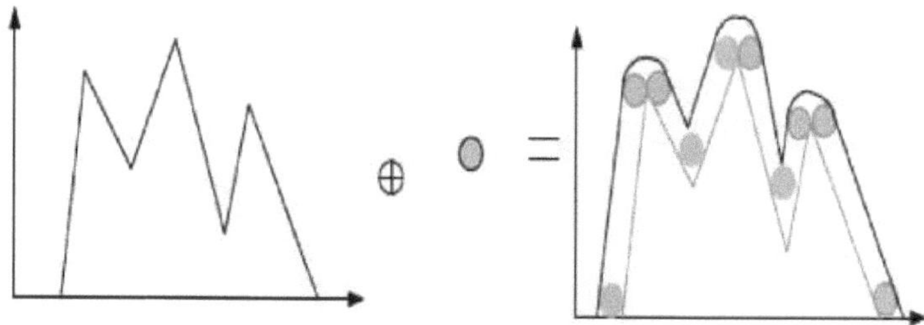

Operação de espessamento

- Uma operação de espessamento preenche os pequenos orifícios e fendas no contorno de um objeto e pode ser utilizada para suavizar o contorno.
- A operação de espessamento reduziu o aspeto das roscas dos parafusos
- As roscas dos parafusos são removidas por uma aplicação tripla de uma operação de espessamento, resultando em arestas lisas.

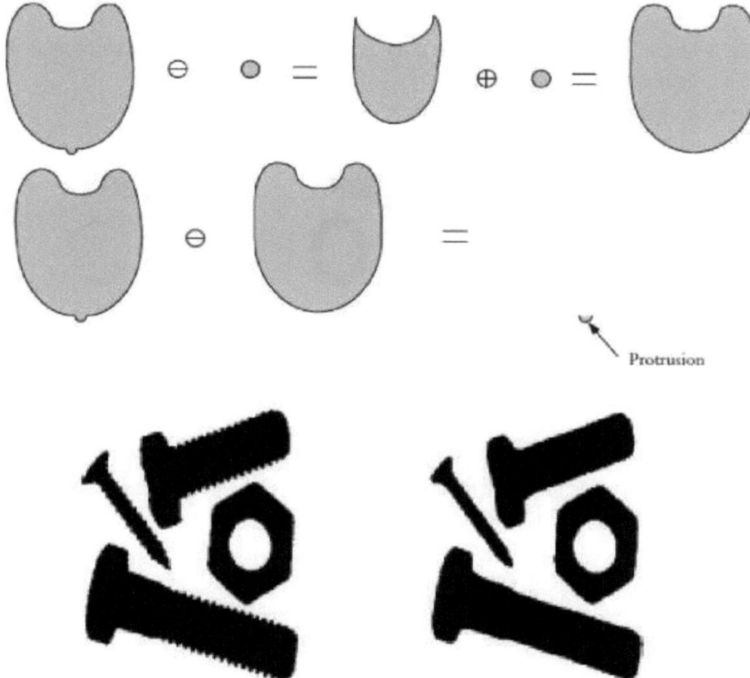

Dilatação

- Na dilatação, os pixels de fundo que estão ligados por 8 ao primeiro plano (objeto) são alterados para primeiro plano.
- Como resultado, é efetivamente adicionada uma camada ao objeto sempre que o processo é implementado.
- Devido ao facto de a dilatação ser efectuada em pixels que estão ligados por 8 ao objeto,

as dilatações repetidas podem alterar a forma do objeto.

- Efeito das operações de dilatação. Aqui, os objectos em (a) foram sujeitos a cinco rondas de dilatação (b).

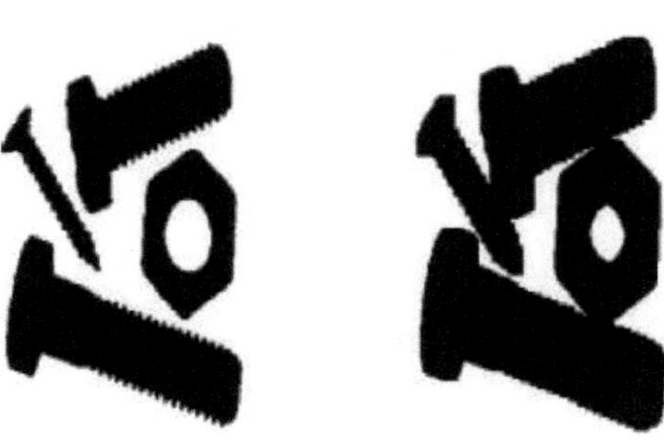

Erosão

- Os pixels que estão ligados por 8 a um pixel de fundo são eliminados.
- Esta operação elimina efetivamente uma camada do primeiro plano (o objeto) de cada vez que é executada.
- Efeito da operação de erosão em objectos com 3 e 7 repetições

Operação aberta

- A abertura é uma operação de erosão seguida de uma dilatação.
- Isto provoca uma suavização limitada das partes convexas do objeto e pode ser utilizado como uma operação intermédia antes da esqueletização

Fechar a operação

- O fecho é uma operação de dilatação seguida de uma erosão.
- Isto provoca um alisamento limitado das partes côncavas do objeto e, tal como a abertura, pode ser utilizado como uma operação intermédia antes da esqueletização.

Operação de enchimento

- A operação de preenchimento preenche os buracos no primeiro plano (objeto).
- Para obter informações sobre outras operações, consultar as referências dos fabricantes de sistemas de visão.
- Diferentes empresas incluem outras operações para tornar o seu software único.

Operações de morfologia cinzenta

- As operações de morfologia a cinzento são semelhantes às operações de morfologia binária, exceto que operam sobre uma imagem a cinzento.
- É utilizada uma máscara 3 * 3 para aplicar as operações, em que cada célula da máscara pode ser 0 ou 1.
- Imagine que uma imagem a cinzento é uma imagem tridimensional de várias camadas, em que as áreas claras são picos e as áreas escuras são vales.
- A máscara será aplicada à imagem movendo-a de pixel para pixel.
- Quando a máscara corresponde aos valores de cinzento da imagem, não são efectuadas alterações.
- Se os valores de cinzento dos pixels não corresponderem à máscara, serão alterados de acordo com a operação selecionada, como descrito nas secções seguintes

Erosão

- Cada pixel será substituído pelo valor do pixel mais escuro na sua vizinhança 3 * 3, conhecido como Operador Mínimo, corroendo efetivamente o objeto.
- O resultado depende das células da máscara que são 0 ou 1.
- Remove pontes de luz entre objectos escuros.

Dilatação

- Cada pixel será substituído pelo valor do pixel mais claro na sua vizinhança 3 *3, conhecido como operador Max, dilatando efetivamente o objeto
- O resultado depende das células da máscara que são 0 ou 1.
- Elimina as pontes escuras entre os objectos claros.

Sensor de visão

- ❖ CMOS
- ❖ CCD

Medição de profundidade com sistemas de visão

- A extração de informação de profundidade de uma cena é efectuada utilizando duas técnicas básicas.
- Uma é a utilização de telémetros em conjunto com um sistema de visão e técnicas de processamento de imagem.
- Nesta combinação, a cena é analisada em relação à informação recolhida pelos telémetros sobre as distâncias de diferentes partes de um ambiente ou a localização de determinados objectos ou secções do objeto.
- Em segundo lugar, a utilização da visão binocular ou estéreo, semelhante à dos seres

humanos e dos animais.

- Nesta técnica, são utilizadas imagens simultâneas de várias câmaras ou várias imagens de uma câmara que se move numa pista para extrair informações de profundidade.

Análise de cenas versus mapeamento

- A análise de cenas refere-se à análise de imagens reveladas por uma câmara ou outros dispositivos semelhantes em que uma cena completa é analisada.
- A imagem é uma réplica completa da cena, dentro do limite de resolução do dispositivo, em que todos os pormenores da cena são incluídos na imagem.
- Geralmente, é necessário mais processamento para extrair informações da imagem, mas podem ser extraídas mais informações
- O mapeamento refere-se ao desenho da topologia da superfície de uma cena ou objeto em que a imagem consiste num conjunto de medições de distância discretas, normalmente a baixas resoluções.
- A imagem final é uma coleção de linhas que se relacionam com a posição relativa de pontos no objeto em locais discretos.
- É necessário menos processamento na análise de imagens mapeadas, mas também é possível extrair menos informação da cena

Deteção de alcance e análise de profundidade

- A medição do alcance e a análise da profundidade são efectuadas utilizando muitas técnicas diferentes, tais como
    - o Variação ativa
    - o Imagem estéreo
    - o Análise da cena ou
    - o Iluminação especializada

Imagiologia estéreo

- Uma imagem é a projeção de uma cena no plano de imagem através de uma lente ideal.
- Cada ponto na imagem corresponderá a um determinado ponto na cena.
- A imagem estéreo utilizada para a medição da profundidade é considerada uma imagem de 2,5 dimensões.
- São necessárias mais imagens para formar uma verdadeira imagem tridimensional.
- A medição da profundidade utilizando imagens estéreo requer duas operações:
- Para determinar os pares de pontos nas duas imagens que correspondem ao mesmo ponto na cena.
- A isto chama-se correspondência ou disparidade do par de pontos.
- Trata-se de uma operação difícil, uma vez que alguns pontos de uma imagem podem não ser visíveis noutra, ou porque, devido à distorção da perspetiva, os tamanhos e as relações espaciais podem ser diferentes nas duas imagens.
- Determinar a profundidade ou a localização do ponto no objeto ou na cena por triangulação ou outras técnicas.

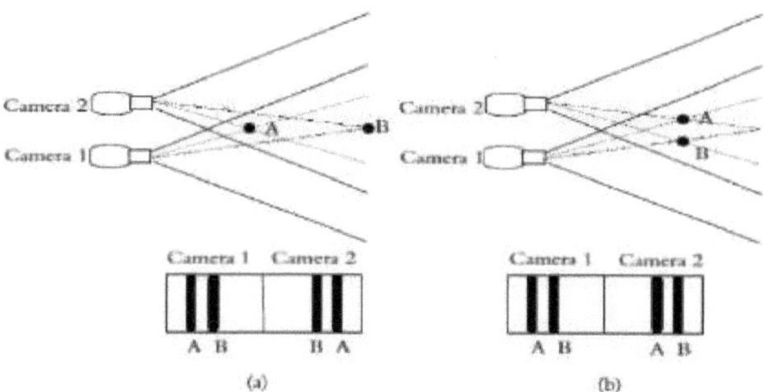

Problema de correspondência em imagens estéreo

Análise de cenas com sombreamento e tamanhos

- Os seres humanos utilizam os detalhes contidos numa cena para extrair informações sobre a localização dos objectos, os seus tamanhos e as suas orientações.
- Um pormenor é o sombreado em diferentes superfícies.
- O sombreamento é a relação entre a orientação do objeto e a luz reflectida.
- Se esta relação for conhecida, pode ser utilizada para obter informações sobre a localização e orientação do objeto.
- A medição da profundidade utilizando sombras requer um conhecimento a priori das propriedades de reflexão do objeto e um conhecimento exato da fonte de luz

Iluminação especializada

- Outra possibilidade para a medição da profundidade é a utilização de técnicas de iluminação especiais
- O resultado especializado pode ser utilizado para extrair informações de profundidade
- Estas técnicas foram concebidas para aplicações industriais, onde é possível uma iluminação especializada e o ambiente é controlado
- Se uma tira (plano estreito) de luz for projectada sobre uma superfície plana, gerará uma linha reta em relação às posições e orientações relativas do plano e da fonte de luz.
- No entanto, se o plano não for plano e um observador olhar para a faixa de luz num plano diferente do plano da luz, será observada uma linha curva ou quebrada
- Um sistema comercial baseado nesta técnica chama-se CONSIGHT

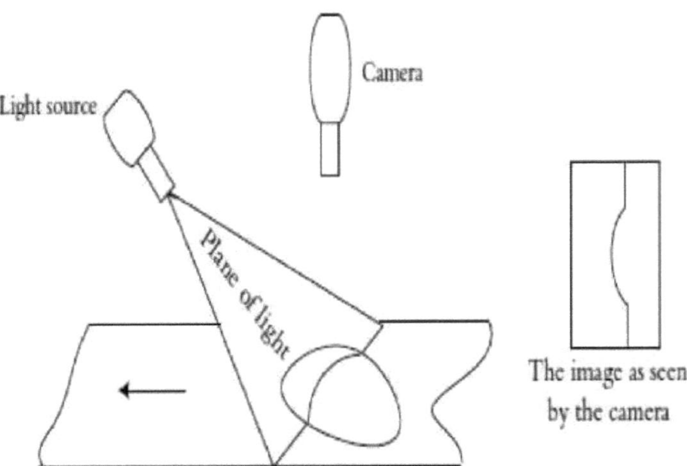

Compressão de dados de imagem

- As imagens electrónicas contêm grandes quantidades de informação e, por isso, exigem linhas de transmissão de dados com grande capacidade de largura de banda.
- Os requisitos de resolução espacial, número de imagens por segundo e número de níveis de cinzento (ou cores para imagens a cores) são determinados pela qualidade exigida das imagens.
- As recentes técnicas de transmissão e armazenamento de dados melhoraram significativamente a capacidade de transmissão de imagens, incluindo a transmissão através da Internet.

Técnicas de domínio espacial intraquadro

- A modulação por código de impulsos (PCM) é uma técnica popular de transmissão de dados em que o sinal analógico é amostrado, normalmente à taxa de Nyquist (uma taxa que evita o aliasing), e quantizado
- Numa técnica denominada Pseudorandom Quantization Dithering, é adicionado ruído aleatório aos valores de cinzento dos pixéis para manter a mesma qualidade e reduzir o número de bits.
- Isto é feito para evitar o contorno, que acontece quando o número de bits de um quantizador é reduzido

Codificação interquadros

- Estes métodos tiram partido da informação redundante que existe entre imagens sucessivas.
- A diferença entre estes métodos e os métodos intraquadro é que, em vez de utilizar a informação contida numa imagem, são utilizadas várias imagens diferentes para reduzir a quantidade de informação a transmitir.

Técnicas de compressão

- São utilizados dois métodos gerais para a compressão de dados.
- Num método (como nos arquivos zip) chamado compressão sem perdas, são atribuídos códigos a palavras, frases ou valores repetitivos para reduzir o tamanho do ficheiro de dados.
- A segunda categoria abrange métodos que comprimem dados de imagem reduzindo a

informação e, por conseguinte, são designados por compressão com perdas, incluindo a popular compressão JPEG (Joint Photographers Expert Group).

Aplicações de sistemas de visão

- Os sistemas de visão podem ser utilizados para muitas aplicações diferentes, incluindo em conjunto com operações robóticas e robôs.
- Os sistemas de visão são normalmente utilizados para operações que requerem informações do ambiente de trabalho e incluem

o Inspeção

o Navegação, o Identificação de peças o Operações de montagem o Vigilância o Controlo e o Comunicação

Robótica e segurança

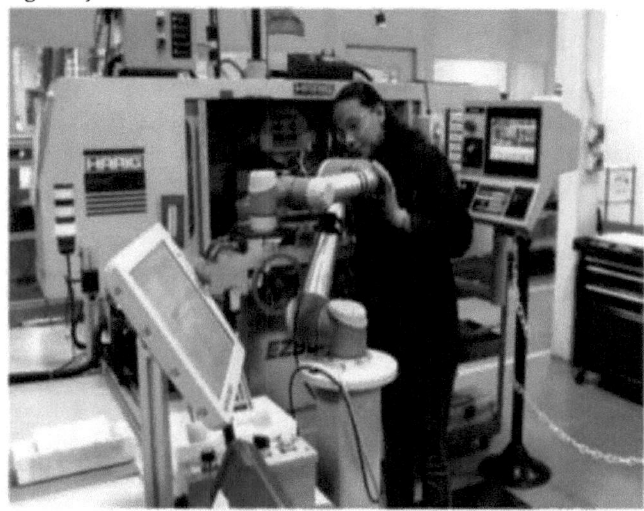

• Dispositivos mecânicos programáveis e com mau funcionamento, concebidos para movimentar materiais, peças, ferramentas ou dispositivos especializados através de movimentos variáveis programados para executar uma variedade de tarefas.

Os robôs são geralmente utilizados para efetuar:

- o Inseguro
- o Perigosos
- o Altamente repetitivo
- o Tarefas desagradáveis para que os trabalhadores humanos não tenham de

• Muitos acidentes com robôs não ocorrem em condições normais de funcionamento, mas sim durante a programação, manutenção, reparação, ensaio ou ajuste.

- Os robôs são capazes de efetuar movimentos de alta energia através de um grande volume de espaço, o que representa um grande perigo.

Tipos de acidentes

Os incidentes com robôs podem ser agrupados em quatro categorias

- Acidentes de impacto ou colisão
- Acidentes por esmagamento e aprisionamento
- Acidentes com peças mecânicas
- Outros acidentes

> **Acidentes de impacto ou colisão:**

Movimentos imprevistos, avarias de componentes, alterações imprevistas do programa relacionadas com o braço do robot ou com o equipamento periférico.

Robótica - Uma introdução

> **Acidentes de esmagamento e armadilhagem:**

O membro ou outra parte do corpo de um trabalhador pode ficar preso ou ser esmagado pelo braço de um robô e outro equipamento periférico.

> **Acidentes com peças mecânicas:**

A avaria, libertação ou falha de peças.

> Outros acidentes

Fontes de perigo:

- Erros humanos
- Erros de controlo
- Acesso não autorizado
- Falha mecânica
- Fontes ambientais

- Sistemas de energia
- Instalação incorrecta

A segurança da robótica é essencial

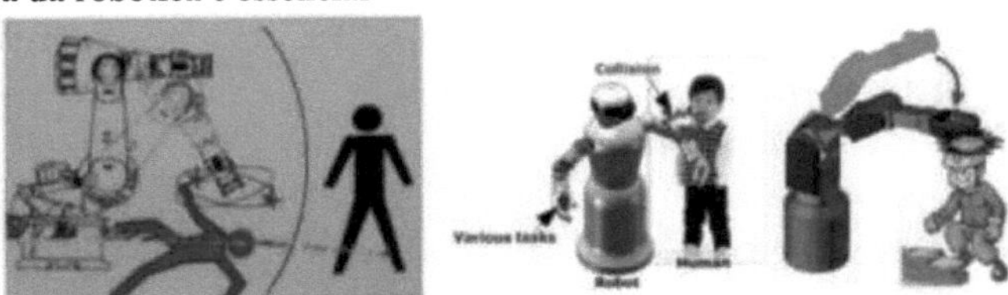

A segurança dos robots é extremamente importante. A maior parte dos acidentes com robôs ocorre durante a programação, a manutenção, a reparação, a configuração e os testes, e todos eles envolvem a interação humana. As causas mais comuns são,

- Falta de formação dos trabalhadores
- Utilização incorrecta das protecções de segurança

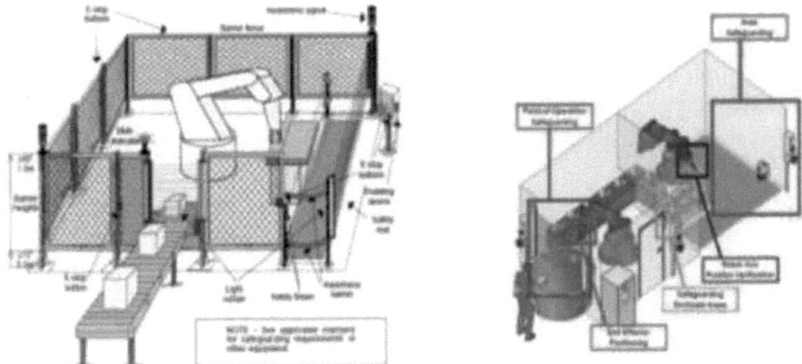

Sistemas de segurança eficazes para robôs

- Os robôs, dependendo da tarefa, podem gerar névoa de tinta, fumos de soldadura, fumos de plástico, etc. De um modo geral, o robô é ocasionalmente utilizado em ambientes ou tarefas perigosos para os trabalhadores e, como tal, cria riscos não específicos do robô, mas específicos da tarefa.

Estudo de caso sobre acidentes ocorridos no domínio da robótica:

Example 1: Primeiro acidente fatal relacionado com robôs nos EUA.

Em 21 de julho de 1984, um operador de fundição estava a trabalhar com um sistema automatizado de fundição utilizando um robô Unimate, que estava programado para extrair a peça fundida da máquina de fundição, mergulhá-la num tanque de têmpera e inseri-la numa prensa automática. Um empregado vizinho descobriu a vítima presa entre a área direita do robot e um poste de segurança, numa posição caída mas direita. A vítima morreu cinco dias depois no hospital.

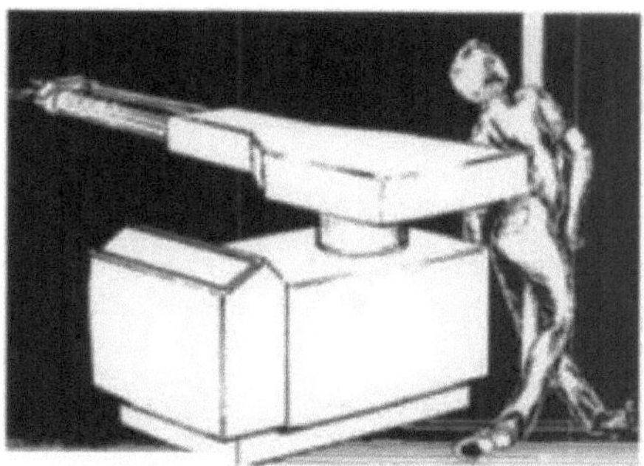

Exemplo 2:

Um robô de manuseamento de materiais estava a funcionar no seu modo automático e um trabalhador violou os dispositivos de segurança para entrar na célula de trabalho do robô. O trabalhador ficou preso entre o robot e um poste ancorado ao chão, ficou ferido e morreu alguns dias depois.

Exemplo 3:

Um técnico de manutenção trepou uma vedação de segurança sem desligar a alimentação de um robot e executou tarefas na zona de trabalho do robot enquanto este estava temporariamente parado. Quando o robô recomeçou a funcionar, empurrou a pessoa para uma máquina de trituração, matando-a.

Detalhes de alguns outros acidentes relacionados com robôs:

- *2000:* A cabeça de uma pessoa foi esmagada entre um tapete rolante e um robot. A tarefa do robot era alimentar as vacas numa quinta.
- 2005: Uma pessoa foi esmagada entre um manipulador (semelhante a um robot do tipo

pórtico) e um transportador. A tarefa do manipulador era mover tijolos de um transportador para outro numa fábrica de tijolos.

- 2006: Uma pessoa foi esmagada entre um robot e um transportador. A tarefa do robot era mover tabuleiros para um transportador, numa aplicação na indústria de lacticínios.

Fontes de perigo da robótica

- Interação humana
- Erros de controlo
- Acesso não autorizado
- Falhas mecânicas
- Fontes ambientais
- Sistemas de energia
- Instalação incorrecta

❖ **Interação humana:**

Os perigos da interação humana associados à programação, à interface de equipamentos periféricos activados ou à ligação de sensores de entrada-saída activos a um microprocessador ou a um dispositivo periférico podem causar movimentos ou acções perigosas e imprevistas por parte de um robô

❖ **Erros de controlo:**

Falhas intrínsecas no sistema de controlo do robô, erros no software e interferências electromagnéticas são possíveis erros de controlo

❖ **Acesso não autorizado:**

A entrada na área protegida de um robô é geralmente potencialmente perigosa

❖ **Falhas mecânicas:**

Os programas operacionais podem não ter em conta a falha cumulativa de peças mecânicas, o que pode permitir a ocorrência de um funcionamento defeituoso ou inesperado

❖ **Fontes ambientais:**

As interferências electromagnéticas (sinais transitórios) podem exercer uma influência indesejável no funcionamento do robô e aumentar o potencial de ferimentos em qualquer pessoa que trabalhe na zona

❖ **Sistemas de energia:**

As fontes de energia pneumática, hidráulica ou eléctrica com elementos de controlo ou de transmissão defeituosos no sistema de alimentação do robô podem perturbar os sinais eléctricos das linhas de controlo e/ou de alimentação

❖ **Instalação incorrecta:**

A disposição do equipamento, dos serviços e das instalações de um robô ou de um sistema de robôs, quando inadequada, pode conduzir a riscos inerentes

Proteção do pessoal

Avaliação dos riscos

> Deve ser realizado em cada fase de desenvolvimento de um sistema robotizado para determinar o nível adequado de proteção

Dispositivos de proteção

> Dispositivos de limitação, sensores, barreiras fixas, barreiras com encravamento

Dispositivos de sensibilização

> Correntes ou barreiras de corda, luzes intermitentes, sinais, apitos, buzinas

Proteção do professor

> Velocidade limitada do robot durante a programação no modo de aprendizagem

Salvaguardas do operador

> O operador deve estar sempre fora da zona restrita dos robôs

Funcionamento contínuo assistido

> Quando uma pessoa se encontra num espaço restrito do robô, este deve estar a baixa velocidade e em modo de aprendizagem

Pessoal de manutenção e reparação

> Reparações de desempenho com o robô em modo manual ou de aprendizagem

Formação em segurança

> O pessoal deve ser capaz de demonstrar a sua competência para operar a segurança do sistema do robot

Requisitos e medidas de segurança em operações normais

A utilização da tecnologia dos robots exige uma análise dos perigos, uma avaliação dos riscos e medidas de segurança. As orientações que se seguem podem servir de guia,

> Impedir o acesso físico à área perigosa

> Prevenir as lesões resultantes da libertação de energia

> Aplicar interfaces entre o funcionamento normal e o funcionamento especial para permitir que o sistema de controlo de segurança reconheça automaticamente a presença de pessoal

Exigências e medidas de segurança em modos de funcionamento especiais

Certos modos de funcionamento especiais (por exemplo, configuração, programação) de um robô industrial exigem movimentos que devem ser avaliados diretamente no local de funcionamento

O movimento deveria ser:

> Apenas do tipo e velocidade previstos

> Prolongado apenas durante o tempo indicado

> Realizado apenas se for possível garantir que nenhuma parte do corpo humano se encontra na zona de perigo

Exigências dos sistemas de controlo de segurança

Sugestões de medidas para garantir a fiabilidade dos sistemas de controlo de segurança

> Disposição redundante e diversificada do sistema de controlo eletromecânico, incluindo os circuitos de ensaio

> Configurações redundantes e diversas de sistemas de controlo com microprocessador desenvolvidos por diferentes equipas

> Sistemas de controlo redundantes que consideram as falhas mecânicas e eléctricas

Capítulo 2

Sensores robóticos: Introdução

Tipos de sensores em robôs

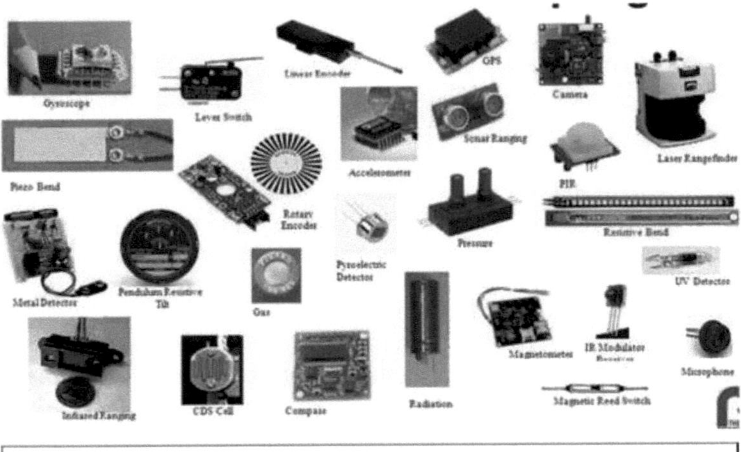

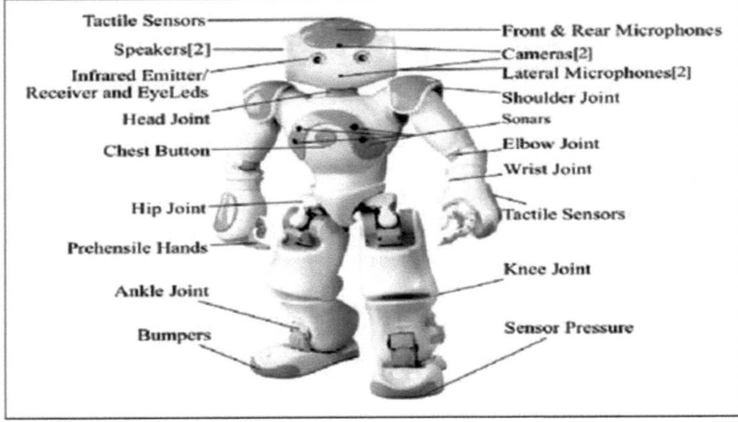

Sensores em robótica

- Na robótica, os sensores são utilizados tanto para o controlo interno de feedback como para a interação externa com o ambiente exterior. Exemplo: O ser humano acorda de manhã e conhece as suas acções e interações. Da mesma forma, um sensor robótico tem de fazer o mesmo
- A deteção robótica dá aos robôs a capacidade de ver, tocar, ouvir e mover-se e utiliza algoritmos que requerem o feedback ambiental. Os sensores robóticos são utilizados para estimar o estado do robô e o ambiente.
- Estes sinais são transmitidos ao controlador para permitir o comportamento adequado. Os sensores dos robots baseiam-se nas funções dos órgãos sensoriais humanos. Os robots

necessitam de informação extensiva sobre o seu ambiente para poderem funcionar eficazmente.

- Sensores de robôs para conhecer o mundo que os rodeia. Os sensores podem medir a orientação física e as coordenadas do objeto no espaço, podem medir o calor, o comprimento de onda dos raios infravermelhos ou ultra-violeta, a temperatura, a magnitude e a direção.
- Os sensores podem medir a presença e a concentração de substâncias químicas ou reagentes. Podem medir a presença, a cor e a intensidade da luz. Podem medir a presença, a frequência e a intensidade do som.
- Da mesma forma, num robô, à medida que as ligações e as articulações se movem, sensores como potenciómetros, codificadores e resolvers enviam sinais para o controlador, permitindo-lhe determinar os valores das articulações
- Além disso, tal como os seres humanos e os animais possuem sentidos de olfato, tato, paladar, audição, visão e fala para comunicar com o mundo exterior, os robôs podem possuir sensores semelhantes que lhes permitam comunicar com o ambiente.
- Em certos casos, os sensores podem ter funções semelhantes às dos humanos, como a visão, o tato e o olfato. Noutros casos, os sensores podem ser algo que os humanos não têm, como um sensor radioativo.
- Existe uma enorme variedade de sensores disponíveis para medir quase todos os fenómenos. Iremos abordar apenas os sensores utilizados em conjunto com a robótica e o fabrico automático.

Caraterísticas do sensor consideradas para um robô

- Custo
- Tamanho
- Peso
- Tipo de saída (digital ou analógica)
- Interfaces
- Resolução
- Sensibilidade
- Linearidade
- Resposta de frequência
- Fiabilidade
- Exatidão

Knowledgebase for Robotics

•Typical knowledgebase for the design and operation of robotics systems

–Dynamic system modeling and analysis

–Feedback control

–Sensors and signal conditioning

–Actuators (muscles) and power electronics

–Hardware/computer interfacing

–Computer programming

Disciplines: mathematics, physics, biology, mechanical engineering, electrical engineering, computer engineering, and computer science

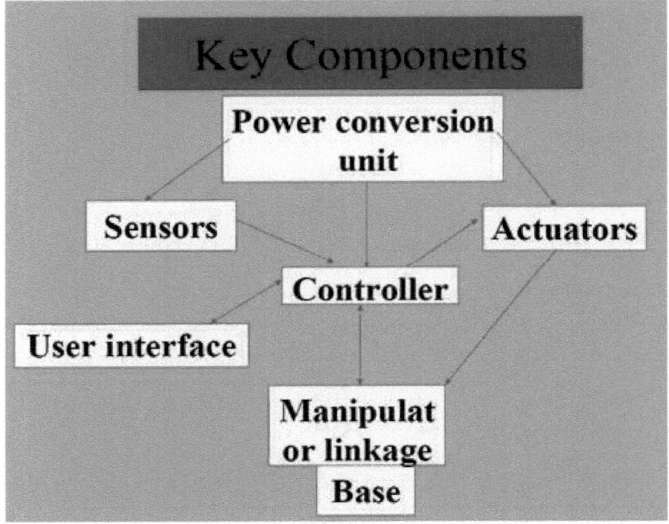

Sensors

•Human senses: sight, sound, touch, taste, and smell provide us vital information to function and survive

•Robot sensors: measure robot configuration/condition and its environment and send such information to robot controller as electronic signals (e.g., arm position, presence of toxic gas)

•Robots often need information that is beyond 5 human senses (e.g., ability to: see in the dark, detect tiny amounts of invisible radiation, measure movement that is too small or fast for the human eye to see)

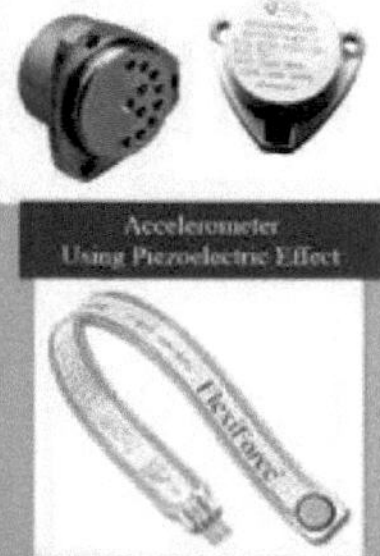

Accelerometer Using Piezoelectric Effect

Flexiforce Sensor

Vision Sensors

Vision Sensor: e.g., to pick bins, perform inspection, etc.

Part-Picking: Robot can handle work pieces that are randomly piled by using 3-D vision sensor. Since alignment operation, a special parts feeder, and an alignment pallete are not required, an automatic system can be constructed at low cost.

In-Sight Vision Sensors

Force Sensors

Force Sensor: e.g., parts fitting and insertion, force feedback in robotic surgery

Parts fitting and insertion: Robots can do precise fitting and insertion of machine parts by using force sensor. A robot can insert parts that have the phases after matching their phases in addition to simply inserting them. It can automate high-skill jobs.

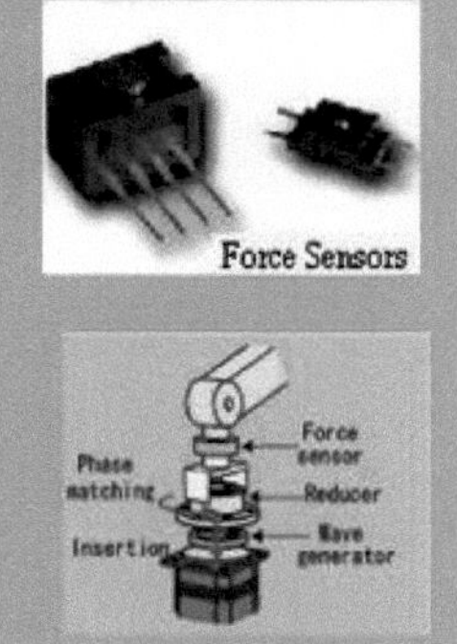

Force Sensors

Proximity Sensors
Infrared Ranging Sensor
Devantech SRF04
UltraSonic Ranger
Example
KOALA ROBOT
•6 ultrasonic sonar transducers to explore wide, open areas
•Obstacle detection over a wide range from 15cm to 3m
•16 built-in infrared proximity sensors (range 5-20cm)
•Infrared sensors act as a "virtual bumper" and allow for negotiating tight spaces

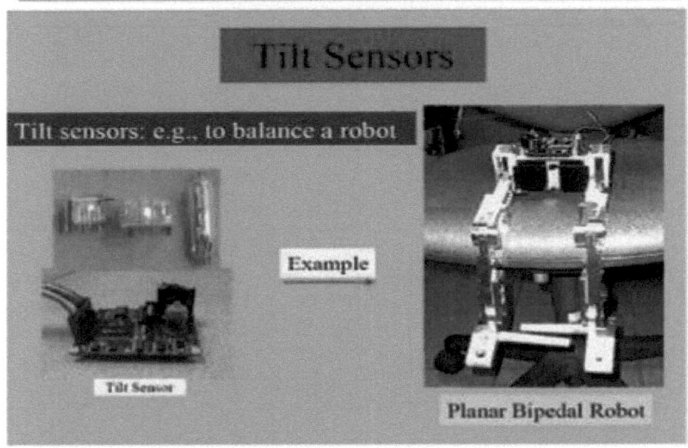
Tilt Sensors
Tilt sensors: e.g., to balance a robot
Tilt Sensor
Example
Planar Bipedal Robot

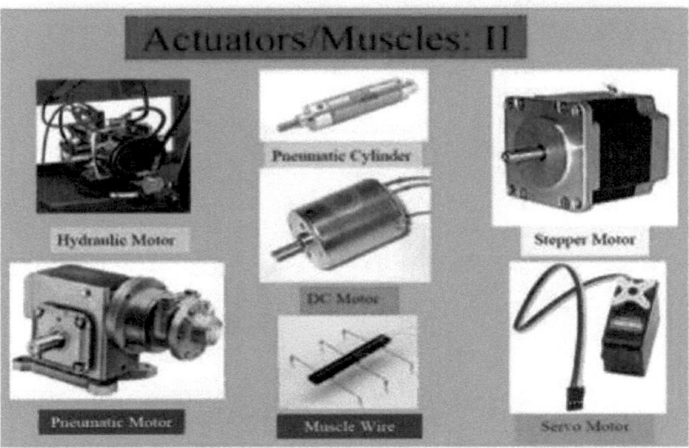
Actuators/Muscles: II
Hydraulic Motor
Pneumatic Cylinder
Stepper Motor
DC Motor
Pneumatic Motor
Muscle Wire
Servo Motor

Sensor tátil e de toque

• Os sensores tácteis são dispositivos que enviam um sinal quando é estabelecido um contacto físico.

• A forma mais simples de um sensor tátil é um microinterruptor, que se liga ou desliga quando há contacto.

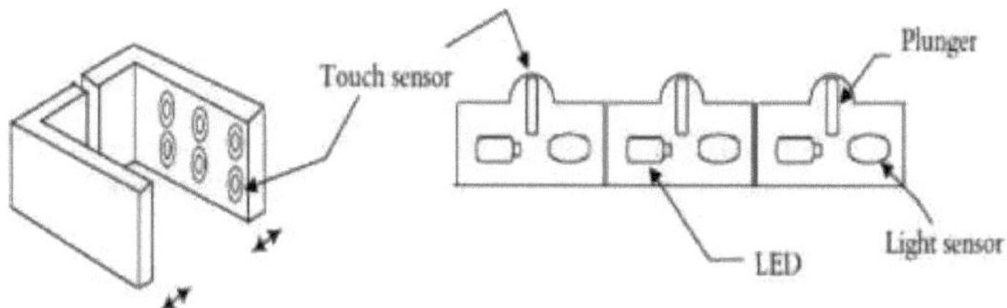

• O micro-interrutor pode ser configurado para diferentes sensibilidades e amplitudes de movimento.

• Por exemplo, um microinterruptor estrategicamente colocado pode enviar um sinal para o controlador se um robô móvel atingir um obstáculo durante a navegação.

• Sensores tácteis mais sofisticados podem enviar informações adicionais.

• Os sensores tácteis são geralmente um conjunto de sensores tácteis simples dispostos em forma de matriz com uma ordem específica para transmitir informações de contacto e de forma ao controlador.

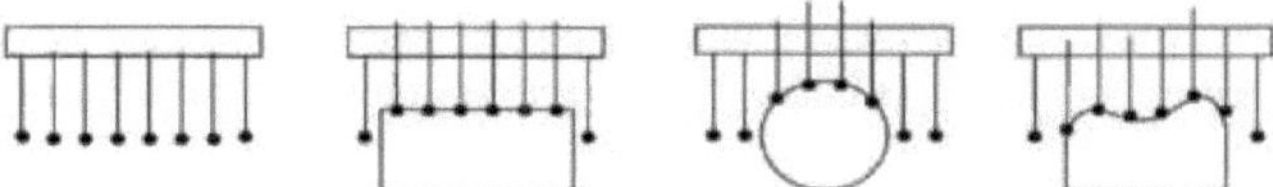

A tactile sensor can provide information about the object.

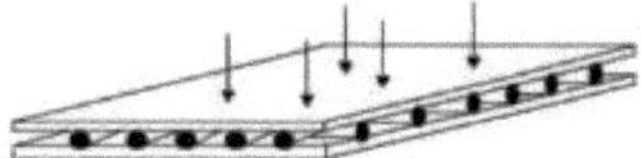

Skin-like tactile sensor.

• Por exemplo, um sensor de força utilizado como sensor de toque pode não só enviar informações sobre o toque, mas também comunicar a magnitude da força de contacto.

• Um sensor tátil é um conjunto de sensores tácteis que, para além de determinarem o contacto, podem também fornecer informações adicionais sobre o objeto.

• Estas informações adicionais podem dizer respeito à forma, ao tamanho ou ao tipo de material.

• Cada sensor tátil é composto por um êmbolo, um LED e um sensor de luz.

• Quando o sensor tátil se fecha e o êmbolo se move para dentro ou para fora, bloqueia a luz do LED que se projecta no detetor de luz.

• A saída do sensor de luz é proporcional à deslocação do êmbolo.

• Os sensores tácteis são, de facto, sensores de deslocamento.

• Do mesmo modo, podem ser utilizados outros tipos de sensores de deslocamento para este fim, desde micro-interruptores a LVDTs, sensores de pressão, sensores magnéticos, etc.

• Quando o sensor tátil entra em contacto com um objeto, dependendo da forma e do tamanho do objeto, os diferentes sensores tácteis reagem de forma diferente e numa ordem diferente.

- Esta informação é depois utilizada pelo controlador para determinar o tamanho e a forma do objeto.
- A figura acima mostra três configurações simples, uma tocando um cubo, outra tocando um cilindro e outra tocando um objeto arbitrário.
- Como se pode ver, cada objeto cria uma assinatura única diferente que pode ser utilizada para a deteção.
- Foram também feitas tentativas para criar uma espécie de sensor tátil contínuo semelhante à pele, que poderia funcionar de forma semelhante à pele humana.
- Na maior parte dos casos, a conceção gira em torno de uma matriz de sensores embutidos entre duas camadas de polímero, separadas por uma malha, como se mostra esquematicamente na Figura.
- Quando é aplicada uma força ao polímero, esta é distribuída por alguns sensores circundantes, em que cada um envia um sinal proporcional à força que lhe foi aplicada.
- Para baixa resolução, estes sensores tácteis funcionam satisfatoriamente.

Sensores de força e pressão

- Uma resistência típica de deteção de força (FSR).
- A resistência deste sensor diminui à medida que a força que actua sobre ele aumenta.
- O material piezoelétrico comprime-se quando exposto a uma tensão e produz uma tensão quando comprimido.
- Esta era utilizada em aparelhos como o fonógrafo para criar uma tensão a partir da pressão variável causada pelas ranhuras do disco.
- Do mesmo modo, uma peça piezoeléctrica pode ser utilizada para medir pressões, ou forças, em robótica.
- A tensão de saída analógica deve ser condicionada e amplificada para utilização

Medidor de tensão

Um extensómetro também pode ser utilizado para medir a força. A saída do extensómetro é uma resistência variável, proporcional à deformação, que por sua vez é uma função das forças aplicadas. Portanto, medindo a resistência, podemos determinar a força aplicada. Os extensómetros são utilizados para determinar as forças na extremidade e no pulso de um robô. Os extensómetros também podem ser utilizados para medir as cargas nas juntas e ligações do robô, mas isto não é muito comum. A Figura 8.14 (a) é um desenho esquemático simples de um extensómetro. Os extensómetros são utilizados numa ponte de Wheatstone, como se mostra na Figura 8.14(b). Uma ponte de Wheatstone equilibrada teria potenciais semelhantes nos pontos A e B. Se a resistência de qualquer um dos quatro resistores mudar, haverá uma corrente

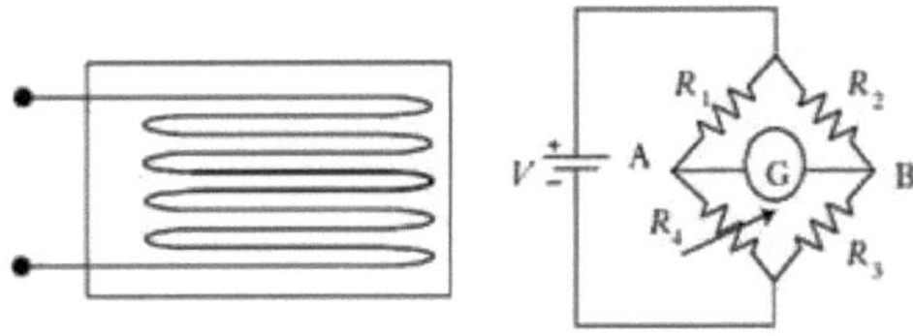

(a) A strain gauge and (b) a Wheatstone bridge.

- (a) Um extensómetro e (b) uma ponte de Wheatstone

fluxo entre estas duas junções. Consequentemente, é necessário calibrar primeiro a ponte para que o fluxo no galvanómetro seja nulo. Assumindo que A] é o extensómetro, quando sob tensão, o seu valor irá mudar, causando um desequilíbrio na ponte de Wheatstone e um fluxo de corrente entre *A* e *B.* Ajustando cuidadosamente a resistência de uma das outras resistências até que o fluxo de corrente se torne zero, a mudança na resistência do extensómetro pode ser determinada a partir de:

$$\frac{R_1}{R_4} = \frac{R_2}{R_3} \tag{8.6}$$

Os extensómetros são sensíveis a alterações de temperatura. Para resolver este problema, pode ser utilizado um extensómetro fictício como uma das quatro resistências na ponte para compensar as alterações de temperatura.

Espuma anti-estática

A espuma anti-estática utilizada para o transporte de chips IC é condutora e a sua resistência altera-se devido a uma força aplicada. Pode funcionar como um sensor de força e de toque rudimentar e simples, mas barato. Para utilizar um pedaço de espuma anti-estática, insira um par de fios em dois dos seus lados e meça a tensão ou resistência através dele.

Sensores de binário

O binário pode ser medido por um par de sensores de força estrategicamente colocados. Suponha que dois sensores de força são colocados num eixo, um em frente ao outro, em lados opostos. Se for aplicado um binário ao veio, este gera duas forças opostas no corpo do veio, causando deformações em direcções opostas. Os dois sensores de força podem medir as forças, que podem ser convertidas num binário. Para medir binários em diferentes eixos, devem ser utilizados três pares de sensores mutuamente perpendiculares. No entanto, uma vez que as forças também podem ser medidas com os mesmos sensores, um total de seis sensores de força pode geralmente comunicar forças e binários sobre três eixos, independentes uns dos outros, conforme ilustrado na Figura 8.15. As forças puras geram

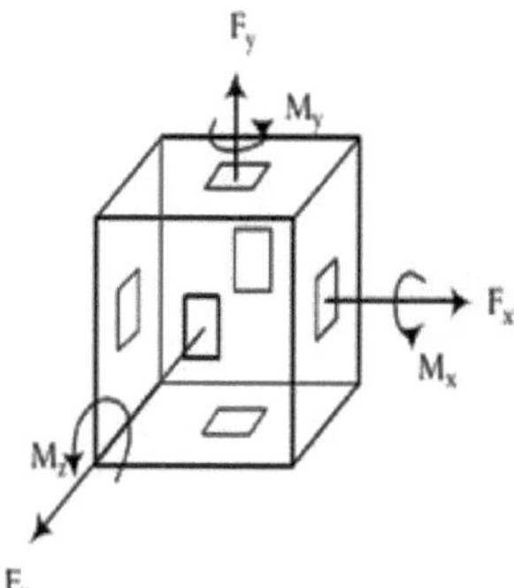

Figura 8.15 Disposição de três pares de extensómetros ao longo dos três eixos principais para medições de força e binário.

sinais semelhantes num par, enquanto os binários geram pares de sinais com sinais opostos. A Figura 8.16 mostra sensores industriais típicos de força-torque.

Um sensor de carga em miniatura, concebido para ser utilizado como ponta dos dedos de mãos de robôs antropomórficos, utiliza uma mola equipada com pelo menos seis extensómetros. Os fios estão ligados a uma pequena placa de interface na base da mola. O sensor é ligado a um conversor A/D o mais próximo possível do sensor. Os dados são transmitidos ao controlador por fios, encaminhados no eixo neutro dos dedos. '

A figura 8.17 mostra uma representação esquemática de um sistema em que molas de flexão, ligadas a um eixo, formam um par de condensadores utilizados como parte de um circuito oscilador de díodos de túnel.

Quando o veio roda ligeiramente sob a carga, a capacitância de cada par altera-se, causando uma alteração na frequência de oscilação do circuito. Ao medir a frequência das oscilações, é possível determinar o binário.[1,1]

Typical industrial force/torque sensors. (IP65 Gamma and Mini 85, printed with permission from ATI Industrial Automation.)

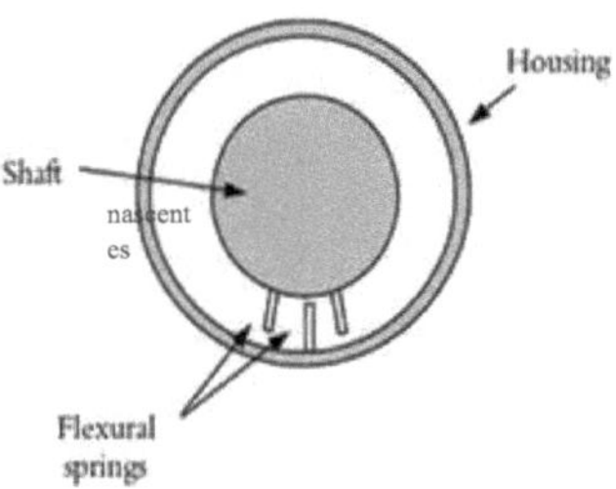

O binário pode ser medido através da medição das alterações na frequência de oscilação de um oscilador de díodos de túnel quando a capacitância das molas de flexão muda devido ao binário aplicado.

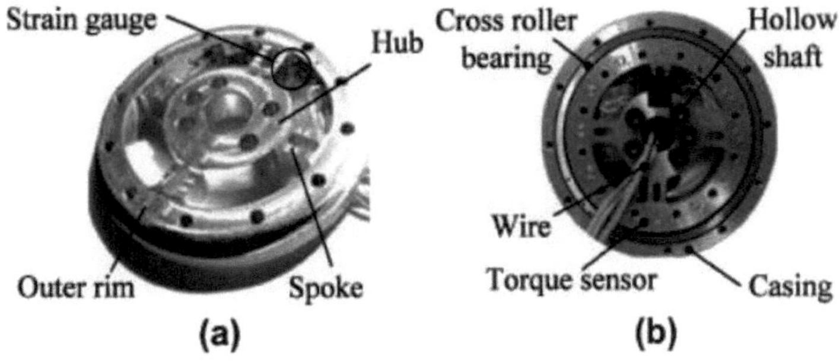

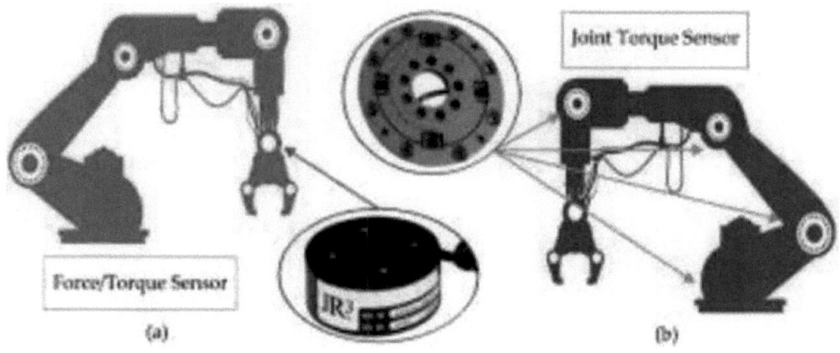

Sensores de proximidade

Um sensor de proximidade é utilizado para determinar que um objeto está próximo de outro objeto antes de ser estabelecido contacto. Esta deteção sem contacto pode ser útil em muitas situações, desde a medição da velocidade de um rotor até à navegação de um robô. Existem muitos tipos diferentes de sensores de proximidade, tais como magnéticos, de correntes de Foucault e de efeito Hall, ópticos, ultra-sónicos, indutivos e capacitivos. Segue-se uma breve descrição de alguns destes sensores.

Inductive	*<4-40 mm*	*Any close-range detection of ferrous material*	*Iron Steel Aluminum Copper etc.*
Capacitative	*<3-60 mm*	*Close-range detection of non-ferrous material*	*Liquids Wood Granulates Plastic Glass etc.*
Photoelectric	*<1mm- 60 mm*	*Long-range, smalll or large target detection*	*Silicon Plastic Paper Metal etc.*

Sensores magnéticos de proximidade

Estes sensores são activados quando estão próximos de um íman. Podem ser utilizados para medir a velocidade dos rotores (e o número de rotações) e para ligar ou desligar um circuito[8] Os sensores magnéticos de proximidade podem também ser utilizados para contar o número de rotações de rodas e motores e, por conseguinte, ser utilizados como sensores de posição. Imagine um robô móvel, em que a deslocação total do robô é calculada contando o número de vezes que uma determinada roda roda roda, multiplicado pela circunferência da roda. Um sensor de proximidade magnético pode ser utilizado para seguir as rotações da roda, montando um íman na roda (ou no seu eixo) e mantendo o sensor estacionário no chassis. Do mesmo modo, o sensor pode ser utilizado para outras aplicações, incluindo a segurança. Por exemplo, muitos dispositivos têm um sensor de proximidade magnético que envia um sinal quando a porta está aberta para parar as peças rotativas ou móveis.

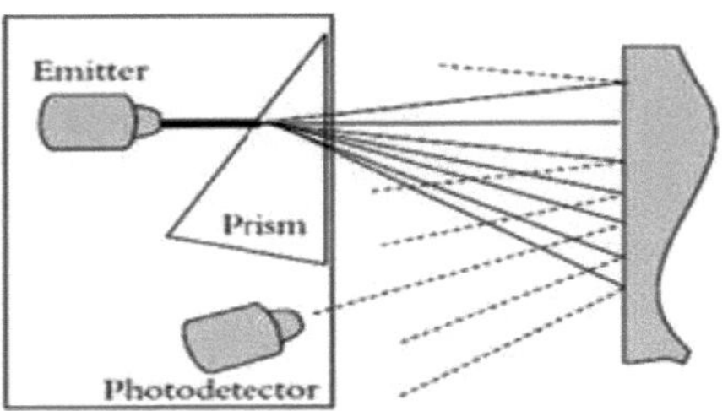

Um sensor de proximidade ótico alternativo.

Sensores ópticos de proximidade

Os sensores de proximidade ópticos são constituídos por uma fonte de luz denominada emissor (interna ou externa ao sensor) e um recetor, que detecta a presença ou ausência de luz. O recetor é normalmente um fototransístor e o emissor é normalmente um LED. A combinação dos dois cria um sensor de luz e é utilizada em muitas aplicações, incluindo codificadores ópticos.

Como sensor de proximidade, é configurado de forma a que a luz, emitida pelo emissor, não seja reflectida para o recetor a menos que um objeto esteja dentro do alcance. A figura 8.21 é um desenho esquemático de um sensor de proximidade ótico. A menos que um objeto refletor esteja dentro do alcance do interrutor, a luz não é vista pelo recetor; por conseguinte, não haverá sinal.

A Figura 8.22 mostra outra variação de um sensor ótico de proximidade. Neste sistema simples, que pode determinar tanto a proximidade como a distância de curto alcance (e portanto

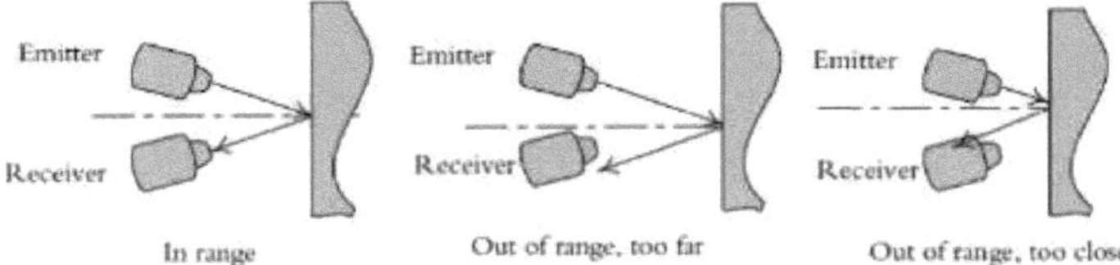

funciona como um telémetro para distâncias curtas), um feixe de luz é passado através de um prisma que refracta a luz nas suas cores primárias constituintes. Dependendo da distância do objeto ao sensor, uma determinada cor de luz é reflectida de volta para o fotodetector do sensor. Ao medir a energia da luz reflectida, a distância pode ser determinada e comunicada.

Sensores de proximidade ultra-sónicos

Nos sensores de proximidade ultra-sónicos, um emissor ultrassónico emite rajadas frequentes de ondas sonoras de alta frequência (normalmente na gama dos 200 kHz). Existem dois modos de funcionamento para os sensores ultra-sónicos, nomeadamente, o modo oposto e o modo eco (difuso). No modo de oposição, um recetor é colocado em frente do emissor; no modo de eco, o recetor está junto ou integrado no emissor e recebe a onda sonora reflectida. Se o recetor estiver dentro do alcance, ou se o som for refletido por uma superfície próxima do sensor, é detectado e é produzido um sinal. Caso contrário, o recetor não detecta a onda e não há sinal. Todos os sensores ultra-sónicos têm uma zona cega perto da superfície do emissor, na qual a distância e a presença de um objeto não podem ser detectadas. Os sensores ultra-sónicos não podem ser utilizados em superfícies como a borracha e a espuma, que não reflectem as ondas sonoras no modo de eco. Para obter mais informações sobre sensores ultra-sónicos, consulte a secção 8.13.1. A Figura 8.23 é um desenho esquemático deste tipo de sensor.

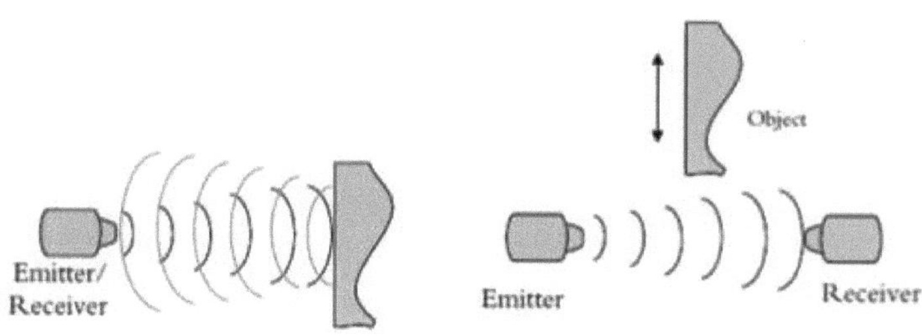

Modo EcoModo Oposto

Sensores de proximidade indutivos

Os sensores de proximidade indutivos são utilizados para detetar superfícies metálicas. O sensor é constituído por uma bobina com um núcleo de ferrite, um oscilador/detetor e um interrutor de estado sólido. Na presença de um objeto metálico nas proximidades do sensor, a amplitude da oscilação diminui. O detetor detecta a alteração e desliga o interrutor de estado sólido. Quando a peça sai do alcance do sensor, este volta a ligar-se.

Sensores de proximidade capacitivos

O sensor capacitivo reage à presença de qualquer objeto que tenha uma constante dieléctrica superior a 1,2. Nesse caso, quando dentro do alcance, a capacitância do material aumenta o valor total de

Tabela 8.2 ***Constantes dieléctricas para materiais selecionados***

Ar	1.000		Porcelana	4.4-7
Soluções aquosas	50-80		Cartão	2-5
Resina epoxídica	2.5-6		Borracha	2.5-3.5
Farinha	1.5-1.7		Água	80
Vidro	3.7-10		Madeira, seca	2-7
Nylon	4-5		Madeira, húmida	10-30

capacitância do circuito. Isto acciona um oscilador interno para ligar a unidade de saída que enviará um sinal de saída. Consequentemente, o sensor pode detetar a presença de um objeto dentro de um determinado intervalo. Os sensores capacitivos podem detetar materiais não metálicos, como madeira, líquidos e produtos químicos. A Tabela 8.2 apresenta as constantes dieléctricas de materiais selecionados.

Localizadores de alcance

Ao contrário dos sensores de proximidade, os telémetros são utilizados para encontrar distâncias maiores, para detetar obstáculos e para mapear as superfícies dos objectos. Os telémetros têm como objetivo fornecer informações antecipadas ao sistema. Os telémetros baseiam-se geralmente na luz - luz visível, luz infravermelha ou laser - e nos ultra-sons. Dois métodos comuns de medição são a triangulação e o tempo de voo ou tempo decorrido.

A triangulação envolve a iluminação do objeto por um único raio de luz que forma um ponto no objeto. O ponto é visto por um recetor, como uma câmara ou um fotodetector. O alcance ou profundidade é calculado a partir do triângulo formado entre o recetor, a fonte de luz e o ponto no objeto, como se mostra na Figura 8.24.

Como é evidente na Figura 8.24 (a), a disposição particular entre o objeto, a fonte de luz e o recetor ocorre apenas num instante. Nesse instante, a distância *d* pode ser calculada por:

$$\tan\beta = \frac{d}{l_1}, \quad \tan\alpha = \frac{d}{l_2} \quad \text{and} \quad L = l_1 + l_2$$

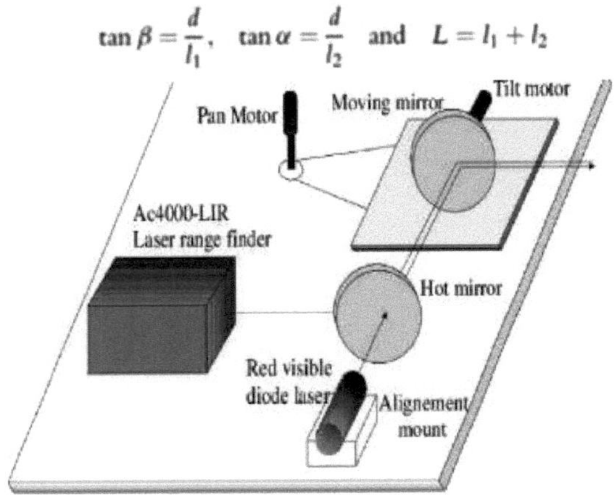

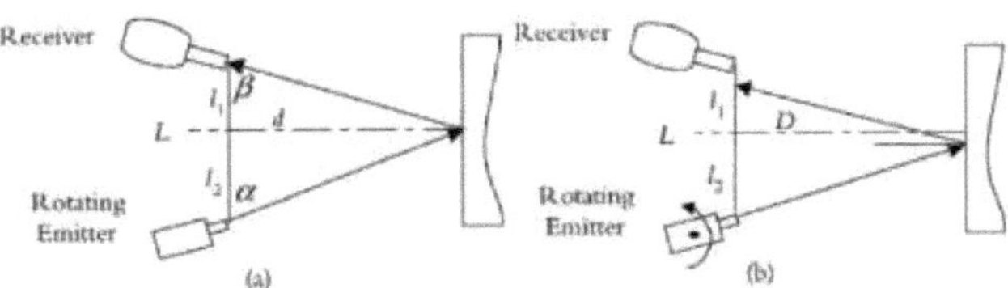

Método de triangulação para medição do alcance. O recetor só detecta o ponto no objeto quando o emissor está num determinado ângulo, que é utilizado para calcular o alcance.

Substituindo e manipulando a equação, obtém-se

$$d = \frac{L\tan\alpha\tan\beta}{\tan\alpha + \tan\beta}$$

Como β e ft são conhecidos, se *a* for medido, *d* pode ser calculado. A Figura 8.24 (b) mostra que, exceto nesse instante, o recetor não verá a luz reflectida. Por conseguinte, é necessário rodar o emissor e, logo que a luz reflectida seja observada pelo recetor, registar o ângulo do emissor e utilizá-lo para calcular o alcance. Na prática, a luz do emissor (como o laser) é rodada continuamente por um espelho rotativo e o recetor é verificado quanto ao sinal. Assim que a luz é observada, o ângulo do espelho é registado.

A medição do tempo de voo ou do tempo decorrido consiste no envio de um sinal de um transmissor que é refletido por um objeto e recebido por um recetor. A distância entre o objeto e o sensor é metade da distância percorrida pelo sinal, que pode ser calculada medindo o tempo de voo do sinal e conhecendo a sua velocidade de deslocação. Esta medição do tempo deve ser muito rápida para ser exacta. Para medições de pequenas distâncias, o comprimento de onda do sinal deve ser muito pequeno.

Sensor ultrassónico de localização de distâncias

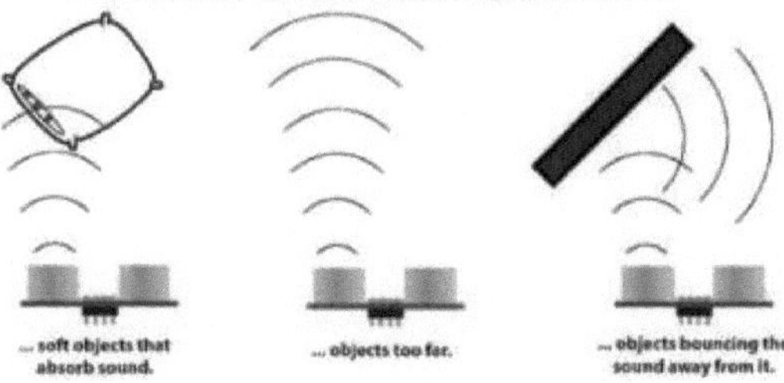

Localizadores de alcance ultra-sónicos

Os sistemas ultra-sónicos são robustos, simples, baratos e de baixa potência. São facilmente utilizados em câmaras para focagem, em sistemas de alarme para deteção de movimentos e em robôs para navegação e medição do alcance. A sua desvantagem reside na sua resolução limitada, que se deve ao comprimento de onda do som e às variações naturais de temperatura e velocidade no meio, e no seu alcance máximo, que é limitado pela absorção da energia dos ultra-sons no meio. Os dispositivos ultra-sónicos típicos têm uma gama de frequências de 20 kHz a mais de 2 MHz.

A maioria dos dispositivos ultra-sónicos mede a distância utilizando a técnica de tempo de voo, na qual um transdutor emite um impulso de ultra-sons de alta frequência que é refletido quando encontra uma separação no meio e um recetor que recebe o sinal refletido. A distância entre o transdutor e o objeto é metade da distância percorrida, que é igual ao tempo de voo vezes a velocidade do som. Naturalmente, a precisão da medição depende do comprimento de onda do sinal e da precisão da medição do tempo e da velocidade do som. A velocidade do som num meio depende da frequência da onda (a um nível superior a 2 MHz) e da densidade e temperatura do meio. Para aumentar a exatidão da medição, é normalmente colocada uma barra de calibração a cerca de uma polegada à frente do transdutor, que é suposto calibrar o sistema para temperaturas variáveis. Isto só é bom se a temperatura for uniforme ao longo da distância percorrida, o que pode ou não ser verdade.

Os ultra-sons podem ser utilizados para medição de distâncias, mapeamento e deteção de falhas. Uma medição de distância de um único ponto é designada por *verificação pontual,* em comparação com a *aquisição de uma matriz de alcance* para técnicas de aquisição de múltiplos pontos de dados utilizadas para mapeamento 3-D. Neste caso, é medido um grande número de distâncias para diferentes locais de um objeto. A recolha de dados de distância fornece um mapa 3-D da superfície do objeto. É de notar que, uma vez que apenas metade da área da superfície de um objeto 3-D pode ser medida, estas medições são também designadas por 2,5-D. A parte de trás do objeto ou as áreas obscurecidas por outras partes não podem ser rastreadas.

Localizadores de alcance baseados em luz

Os telémetros baseados em luz (incluindo infravermelhos e laser) medem a distância de um objeto através de três métodos diferentes: medição direta do tempo de atraso, modulação indireta da amplitude e triangulação. O método de medição direta do tempo de atraso mede o tempo necessário para que um feixe de luz colimado (normalmente laser, uma vez que não se desvia) viaje até um objeto e volte, à semelhança de um sensor ultrassónico. Uma vez que a velocidade da luz no ar é de 186 000 milhas/seg (300 000 km/seg), percorre cerca de 1 pé (30 cm) em 1 ns. Por conseguinte, é necessária uma eletrónica de velocidade extremamente elevada e resoluções elevadas para utilizar este método.

Sensores de visão artificial

- Os sensores de visão/sistemas de visão artificial analisam imagens para realizar inspecções de aspeto, inspecções de caracteres, posicionamento e inspecções de defeitos.
- Os sensores que comunicam o desempenho de uma fábrica medindo o funcionamento das máquinas, o tempo de inatividade e os objectivos de produção são muito procurados.
- E com essa procura vem a expetativa de que esses sensores sejam rápidos, precisos e forneçam dados de qualidade de forma consistente.
- "Os sensores são os olhos da fábrica", diz Dana Holmes, gerente global de desenvolvimento de negócios da Banner Engineering.
- "Dizem-nos o que está a acontecer de um momento para o outro, por isso sabemos sempre - mesmo que não estejamos na linha de produção.
- É essencial ser capaz de manter essas linhas a funcionar, fabricar produtos que satisfaçam os requisitos dos clientes e implementar máquinas que executem múltiplas aplicações".
- Em resposta a esta procura, os sensores estão a incorporar múltiplas funções num único pacote. Por exemplo, os sensores laser podem também conter saídas de distância, para além de fornecerem deteção de presença e ausência, afirma Mike Hamoy, gestor de produto da Omron Automation Americas.
- Quer se trate de sensores de proximidade, de fotoeletricidade ou de fibra ótica, há um número crescente de sensores disponíveis com gamas de deteção aumentadas, entre outras capacidades.
- À medida que a sua funcionalidade e inteligência continuam a avançar, os sensores actuais são mais pequenos e estão melhor preparados para lidar com ambientes mais difíceis.

Efectores finais de robôs: Classificação dos End Effectors

Efectores finais

Uma garra robótica que está ligada ao pulso do braço do robô é um dispositivo que permite ao robô de uso geral agarrar materiais, peças e ferramentas para executar uma tarefa específica.

- Os vários tipos podem ser divididos em duas grandes categorias: -

o Pinças o Ferramentas

- Pinça mecânica
- Tipos de mecanismos de pinças
- Pinças para fins especiais

Pinças

- Agarrar e segurar um objeto
- Carregamento e descarregamento de máquinas
- Recolher peças do tapete rolante
- Dispor as peças numa palete

Classificação

- Pinça simples
- Pinça dupla
- Pinça múltipla

Pinça simples

- Apenas um dispositivo de preensão
- Carregamento da máquina
- Descarga de máquinas

Pinça dupla

- Dois dispositivos de preensão
- Atuar de forma independente
- Carregamento/descarregamento simultâneo

Pinças múltiplas

- Dois ou mais dispositivos de preensão
- Pode / não pode atuar de forma independente
- Segurar um objeto grande e plano, como um vidro

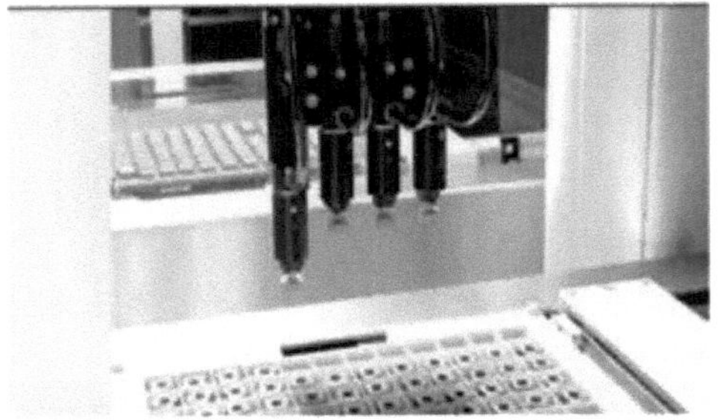

Classificação baseada na preensão

- **Pinça interna**

o Agarrar o objeto na sua superfície interna

- **Pinça externa**

Agarrar o objeto na sua superfície exterior

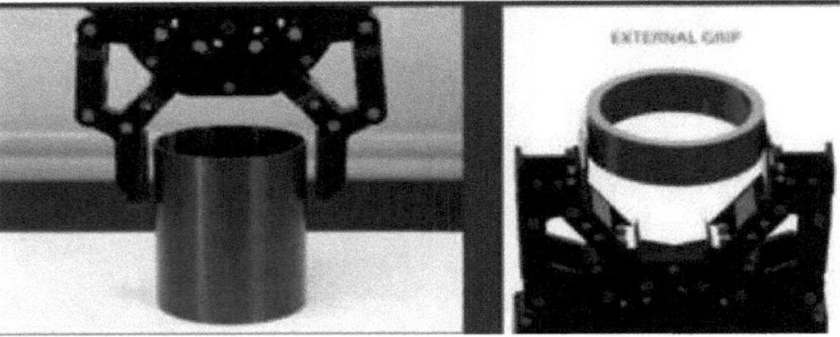

Pinças mecânicas

- Trata-se de um dispositivo de ação final que utiliza dedos mecânicos acionados por um mecanismo para agarrar um objeto.
- Dedos também chamados maxilares
- Os dedos estão ligados ao mecanismo ou são parte integrante do mecanismo

- Trata-se de traduzir alguma forma de energia na ação de preensão dos dedos contra a peça.
- As entradas de energia são: - o Pneumática o Eléctrica o Mecânica o Hidráulica

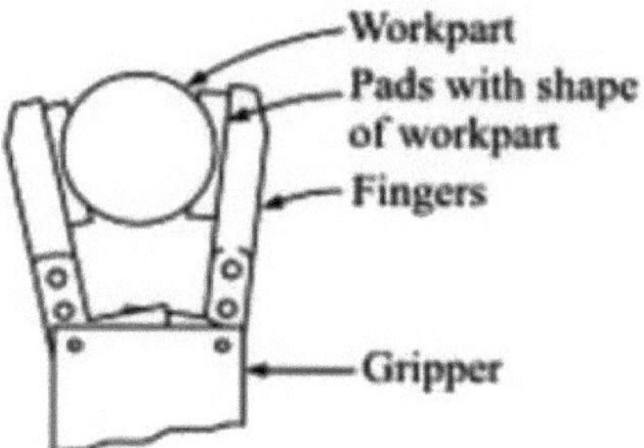

- A fixação da peça é efectuada por fricção entre os dedos e a peça a trabalhar.
- O dedo deve aplicar uma força suficiente para que o atrito retenha a peça contra a gravidade, a aceleração e qualquer outra força que possa surgir durante a parte de retenção do ciclo de trabalho.
- **Atrito:** O atrito é a força que resiste ao movimento relativo de superfícies sólidas, camadas de fluidos e elementos de materiais que deslizam uns contra os outros, o que provoca a ação de preensão entre os dedos e o objeto.

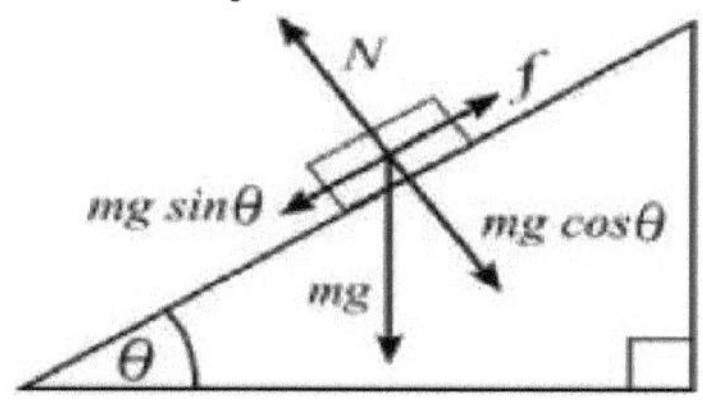

O método de fricção para segurar a peça

- Menos complicado
- Conceção da pinça menos dispendiosa
- Problema de fricção
- Evitado no método de construção física
- Se for aplicada uma força de magnitude suficiente contra a peça numa direção paralela às superfícies de fricção dos dedos.
- Para resistir ao deslizamento, a pinça deve ser concebida para exercer uma força que depende do peso da peça, do coeficiente de atrito e da aceleração da peça.

$$\mu n_f F_g = w$$

where μ = coefficient of friction of the finger contact surface against the part surface

n_f = number of contacting fingers

F_g = gripper force

w = weight of the part or object being gripped

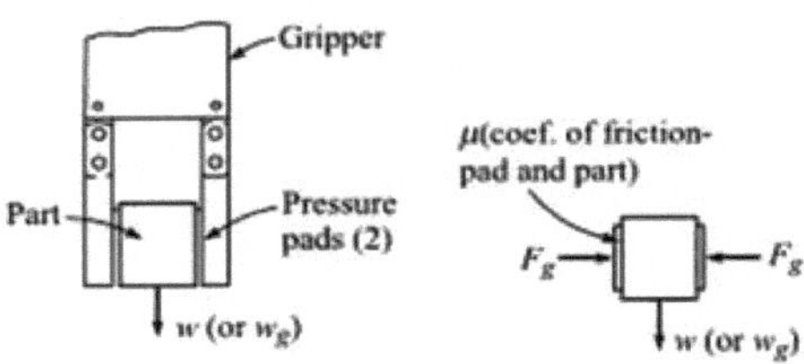

sendo *t-i* = coeficiente de atrito da superfície de contacto dos dedos com a superfície da peça

HJ = número de dedos em contacto

F_g = força da pinça

w = peso da peça ou do objeto a agarrar

- Para resistir ao deslizamento, a pinça deve ser concebida para exercer uma força que depende do peso da peça.
- ci b/n Superfície da peça e superfície do dedo
- Considerar a orientação entre a direção do movimento durante a aceleração e a direção do dedo.

Tipos de mecanismos de pinças

- Com base no movimento dos dedos, o mecanismo da pinça é de dois tipos.
- "A função do mecanismo de preensão é traduzir alguma forma de entrada de energia na ação de preensão do dedo contra a peça"
- Com base na abertura e fecho dos dedos: -
  - o Movimento pivotante
  - o Movimento linear ou translacional
  - o Movimento pivotante
- Os dedos rodam em torno de pontos de articulação fixos na pinça para abrir e fechar.
- O movimento é efectuado através de um mecanismo de ligação.

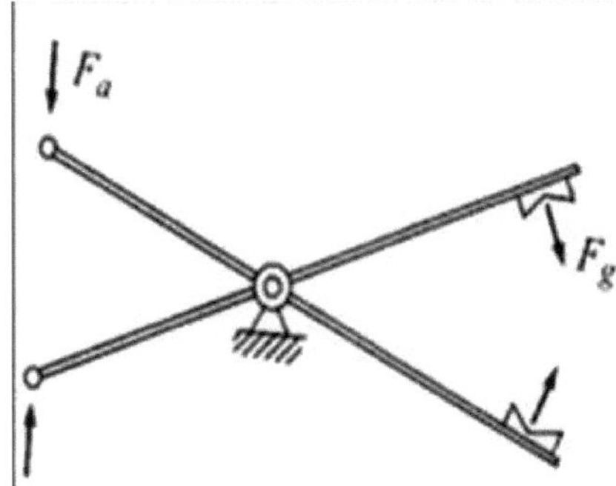

Movimento Linear ou Translacional

- Os dedos abrem e fecham movendo-se paralelamente uns aos outros.
- Isto é conseguido por meio de calhas de guia, de modo a que cada base de dedo deslize ao longo de uma calha de guia durante a ação.

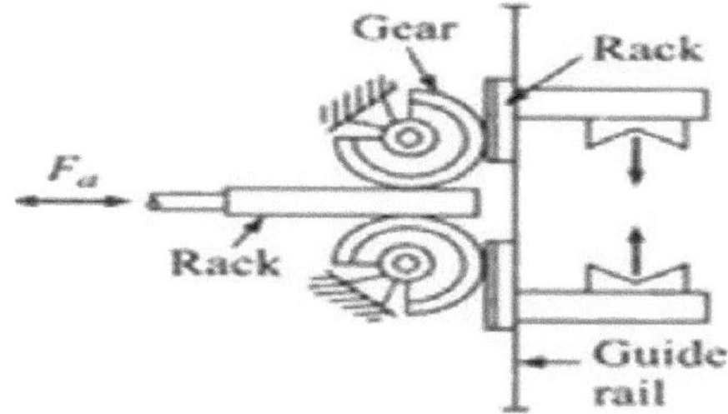

Com base no tipo de dispositivo cinemático

- Acionamento do engate
- Acionamento por engrenagens e cremalheiras
- Acionamento do came
- Acionamento do parafuso
- Acionamento por corda e roldana - Diversos

Acionamento do engate

- A conceção da ligação determina a forma como a força de entrada Fa para a pinça é convertida na força de preensão Fg aplicada pelos dedos.
- Determina outras operações
- Qual a largura de abertura dos dedos da pinça?
- Qual a velocidade de atuação da pinça?

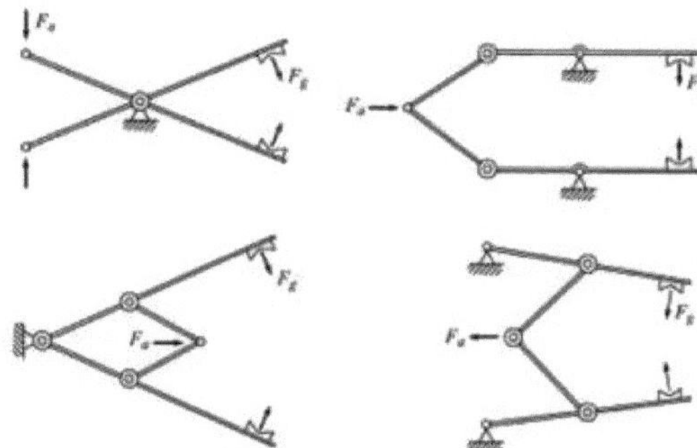

Acionamento por engrenagem e cremalheira

- A cremalheira estaria ligada a um pistão ou a qualquer outro mecanismo que proporcionasse um movimento linear.
- O movimento da cremalheira accionaria duas engrenagens de pinhão parciais, que por sua vez abririam e fechariam os dedos.

Acionamento do came

- A ação de abertura e fecho da pinça é assegurada por uma disposição de came e seguidor, muitas vezes utilizando um seguidor com mola.
- O movimento da came numa direção forçaria a pinça a abrir, enquanto o movimento na direção oposta faria com que a mola forçasse a pinça a fechar.
- A vantagem é que podemos acomodar peças de diferentes tamanhos devido à ação da

mola
Aplicação:

- Numa operação de maquinagem em que uma única pinça é utilizada para manusear a peça em bruto e a peça acabada.
- A peça acabada pode ser significativamente mais pequena após a maquinagem.

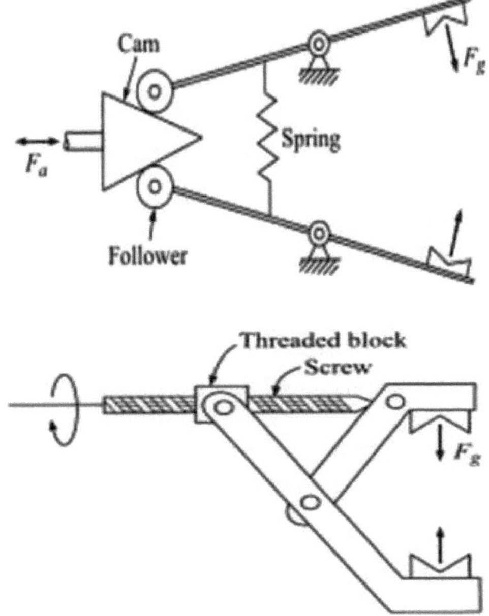

Acionamento do parafuso

- O parafuso é rodado por um motor, normalmente acompanhado por um mecanismo de redução de velocidade.
- Quando o parafuso é rodado numa direção, isto faz com que um bloco roscado seja deslocado numa direção.
- Quando o parafuso é rodado na direção oposta, o bloco roscado move-se na direção oposta.
- O bloco roscado está, por sua vez, ligado aos dedos da pinça para provocar a correspondente ação de abertura e fecho.

Acionamento por corda e roldana

- Concebido para abrir e fechar uma pinça mecânica.
- Devido à natureza deste mecanismo, é necessário utilizar um dispositivo de tração para se opor ao movimento do cabo ou da corda no sistema de roldanas.
- O sistema de roldanas pode funcionar num só sentido para abrir a pinça.
- A tensão provoca uma folga (estiramento) no cabo e fecha a pinça, quando o sistema de roldanas funciona em sentido contrário.

Diversos

- Para permitir a existência de mecanismos de acionamento da pinça que não se enquadrem logicamente nas categorias acima referidas.
- Por exemplo: - Uma bexiga ou diafragma expansível que seria insuflado e esvaziado para

acionar os dedos da pinça.

Pinças para fins especiais

Para além das pinças mecânicas, há uma variedade de outros dispositivos que podem ser concebidos para levantar e segurar objectos.

- Copos de vácuo
- Pinças magnéticas
- Pinças adesivas
- Ganchos, colheres e dispositivos diversos.

Copos de vácuo

- Também designadas por ventosas
- Manuseamento de certos tipos de objectos como planos, lisos, limpos, etc.
- Feito de material elástico, como borracha ou plástico macio.
- A bomba de vácuo e o venturi são os dois dispositivos utilizados para o efeito.
- A capacidade de elevação da ventosa depende da área efectiva da ventosa e da pressão negativa do ar entre a ventosa e o objeto.
- A bomba de vácuo e o venturi são dois dispositivos comuns utilizados para criar vácuo
- A bomba de vácuo cria um vácuo relativamente elevado
- O venturi é um dispositivo mais simples e pode ser acionado por meio da "pressão do ar da oficina
- A Venturi é muito barata em comparação com a bomba de vácuo de pistão
- A fiabilidade global do sistema de vácuo depende da fonte de pressão de ar.

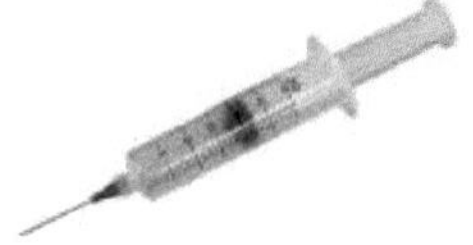

Pinças magnéticas

É utilizado para o manuseamento de materiais ferrosos

Vantagens

- Tempo de recolha muito rápido

- O tamanho da peça pode ser tolerado
- A pinça não foi concebida para um trabalho específico
- Capacidade de manipular peças metálicas com orifícios
- Requerem apenas uma superfície para agarrar

Desvantagens

- Magnetismo residual que permanece na peça de trabalho.
- Recolher apenas uma folha do saco

o Fanner - O dispositivo de empilhamento utilizado para segurar as folhas pode ser concebido para limitar a penetração efectiva à profundidade desejada, que corresponderia à espessura da folha superior.

- As pinças magnéticas podem ser divididas em duas categorias

o Pinça electromagnética

o Pinça de ímanes permanentes

Pinça electromagnética

- É fácil de controlar, mas requer uma fonte de energia de corrente contínua e uma unidade de controlo adequada.
- Em comparação com o íman permanente, este é muito simples.
- No íman permanente, a peça deve ser libertada por acionamento externo
- No eletroíman, a unidade de comando inverte a polaridade a um nível de potência reduzido antes de desligar o eletroíman.
- Este procedimento actua para anular o magnetismo residual na peça de trabalho e assegura uma libertação positiva da peça.

Pinça de ímanes permanentes

- A única vantagem é a ausência de uma fonte de alimentação externa para o funcionamento do íman
- No eletroíman, pode haver a possibilidade de perda de controlo
- Exemplo:
- quando a peça tiver de ser libertada no final do ciclo de manipulação, deve ser previsto um meio de separar a peça do íman.
- o nome deste dispositivo é "stripper" ou dispositivo de decapagem.
- A sua função é separar mecanicamente a peça do íman.
- Os ímanes permanentes são frequentemente considerados para tarefas de manuseamento em ambientes perigosos.
- não há eletricidade, por isso não há faíscas.

Pinça adesiva

- Uma substância adesiva realiza a ação de agarrar, podendo ser utilizada para manusear tecidos e outros materiais leves.
- Os requisitos relativos aos objectos a manipular são que estes devem ser agarrados apenas de um lado e que não são adequadas outras formas de agarrar, tais como um vácuo ou um íman
- Potencial limitação - perde a sua pegajosidade com a utilização repetida.
- A sua fiabilidade como dispositivo de preensão diminui a cada ciclo de funcionamento sucessivo.
- Para ultrapassar a perda de adesivo, este pode ser carregado sob a forma de uma fita contínua num mecanismo de alimentação que está ligado ao pulso do robot.

- O mecanismo de alimentação - mecanismo da fita da máquina de escrever.

Ganchos

- Pode ser utilizada uma variedade de outros dispositivos para agarrar peças ou materiais em aplicações robóticas.
- Os ganchos podem ser utilizados como dispositivos finais para manusear contentores de peças e para carregar e descarregar peças penduradas em transportadores aéreos.
- Obviamente, os objectos a manipular por um gancho devem ter uma espécie de pega que permita ao gancho segurá-los.

Colheres

- Pode ser utilizado para manusear certos materiais sob a forma líquida ou em pó

Exemplo:

- Os produtos químicos em forma líquida ou em pó, os produtos alimentares, as substâncias granuladas e os metais fundidos são exemplos de materiais que podem ser manuseados por um robô utilizando este método de fixação.
- Uma das suas limitações é o facto de a quantidade de material recolhido pelo robô ser por vezes difícil de controlar.
- Isto significa que o derrame durante o ciclo de manuseamento também é um problema.

Ferramentas como factores finais

- Na maior parte das aplicações dos robôs em que é manipulada uma ferramenta, esta é fixada diretamente ao pulso do robô.

o Por conseguinte, a ferramenta é o efector final.

Concebida para efetuar um trabalho sobre a peça e não apenas para a agarrar.

o Ferramenta de soldadura por pontos

o Arco - ferramenta de soldadura

o Spray - bocal de pintura

Fusos rotativos para operações:

- Perfuração
- Encaminhamento
- Escovagem de arame
- Retificação
- Cimento líquido Aplicação para montagem.
- Tochas de aquecimento
- Corte por jato de água

Em cada caso, o robô deve controlar o acionamento da ferramenta.

- O robot deve coordenar o acionamento da operação de soldadura por pontos como parte do seu ciclo de trabalho.
- Isto é semelhante ao controlo de abertura e fecho da pinça

Factores de seleção da pinça

- A superfície da peça deve ser acessível
- A variação de tamanho das peças deve ser tida em conta
- Raspagem e deformação da peça durante a preensão
- Dedos substituíveis
- Dedos auto-alinhados
- Força de preensão

Capítulo 3

Programação de robôs: Introdução

Método de programação Lead Through

- Na programação "lead through", o robot é movido através da trajetória de movimento desejada, de modo a registar a trajetória na memória do controlador.
- Duas formas
  - o Chumbo alimentado através de
  - o Passagem manual

Chumbo alimentado através da programação

- Através de um pingente, é possível controlar os vários motores das articulações e acionar o braço e o pulso do robô através de uma série de pontos no espaço.
- Cada ponto é registado na memória para ser reproduzido posteriormente durante o ciclo de trabalho.
- Pendente de ensino - Pequena caixa de controlo portátil com combinações de interruptores basculantes, mostradores e botões
- Para regular o movimento físico e as capacidades de programação do robô.
- Método mais utilizado
- Limitado ao movimento ponto-a-ponto
- Movimento contínuo - dificuldade em utilizar o pendente de ensino para regular movimentos geométricos complexos no espaço.
- Robô industrial - movimentos ponto a ponto do manipulador.
- Transferência de peças, carga e descarga de máquinas e soldadura por pontos.

Programação manual de passagem

- Método de passo a passo
- Mais utilizado para a programação em contínuo
- O ciclo de movimento envolve movimentos curvilíneos complexos e suaves do braço do robot.
- Exemplo comum: - Pintura por pulverização
- Pistola acoplada como efector final
- Soldadura por arco contínuo - é necessária uma programação contínua do percurso
- O programador agarra fisicamente o braço do robô (e a garra) e move-o manualmente através do ciclo de movimento desejado
- O robô é grande - O robô real é substituído por um aparelho de programação especial.
- Mesma geometria que o robot
- É mais fácil de manipular durante a programação
- O botão Teach está localizado perto do pulso do robô, que é premido durante os movimentos do manipulador.
- O ciclo de movimento é dividido em centenas ou milhares de pontos individuais com um espaçamento próximo ao longo do percurso e estes pontos são registados na memória do controlador

O sistema de controlo utiliza dois modos

- Modo de ensino
- Modo de funcionamento

Modo de ensino: - para programar o robô
Modo de execução: - para executar o programa

Vantagens

- Facilmente aprendido pelo pessoal da oficina
- Forma lógica de ensinar um robô
- Sem programação informática

Desvantagens

- Tempo de inatividade durante a programação
- Capacidade limitada de lógica de programação

- Não compatível com o controlo de supervisão

Deteção e remoção de minas terrestres com recurso a robôs

- As minas terrestres continuam a ser um obstáculo significativo ao desenvolvimento económico e social em mais de sessenta países.
- Para a maioria destes países em desenvolvimento, a remoção das minas terrestres é uma condição prévia para o desenvolvimento económico.
- Uma vez terminado o conflito, as zonas onde foram colocadas minas terrestres têm de ser limpas para a reinstalação de pessoas.
- A desminagem é uma operação acompanhada de grande risco para os desminadores humanos, porque um pequeno erro pode causar a morte e a destruição

Métodos convencionais de deteção de minas terrestres

- Desminagem manual com detectores de metais
- Desminagem manual com cães treinados
- Desminagem com máquinas de terraplanagem

Métodos manuais

Robô STAR

- Robô Autónomo de Pista em Espiral (STAR), que foi desenvolvido no Laboratório Nacional Lawrence Livermore (LLNL).
- Pode ser equipado com vários pacotes de sensores para completar uma variedade de missões desejadas.
- O STAR é compacto, medindo 38 polegadas e 30 polegadas de altura, e tem um centro de gravidade baixo, permitindo que o sistema suba terrenos íngremes.
- O sistema de controlo eletrónico, o hardware e o software de comunicações dotam a STAR de inteligência e capacidades suficientes para funcionar à distância ou de forma autónoma.
- Um sistema informático confere ao sistema inteligência suficiente para negociar ambientes de forma autónoma.

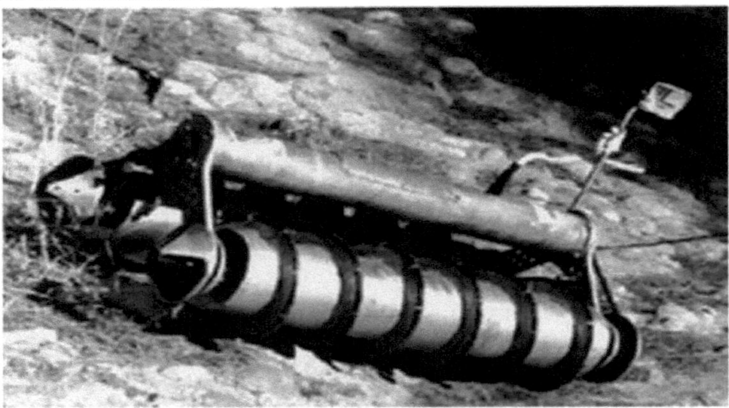

Robô MR-1

Robótica - Uma introdução

- O MR-1 apresentado na figura foi desenvolvido pela Engineering Services, Inc. Canadá.
- Baseia-se nas mais recentes tecnologias para operações ambientais perigosas.
- Este robô polivalente tornou-se mundialmente reconhecido pela sua precisão, robustez e fiabilidade.
- O MR-1 é um robô móvel controlado à distância, constituído por um chassis robusto e um braço robótico reconfigurável.
- O braço manipulador, com a sua antepara especial, permite ao operador configurar instantaneamente o robot com módulos adequados à missão específica.
- Estes módulos incluem ligações de extensão, pinças, câmaras, suportes para disruptores e vários outros equipamentos.

Robô MR-2

- O MR-2 apresentado na figura é um robô móvel todo-o-terreno desenvolvido pela Engineering
- Services, Inc. O Canada foi concebido para detetar minas terrestres, incluindo as que têm um teor mínimo de metal, e UXO.
- Equipado com o braço MR-1 e o sistema de visão, o MR-2 efectua a neutralização de minas terrestres sob a supervisão de um operador localizado à distância.
- O MR-2 utiliza apenas um detetor de metais e segue o terreno de forma adaptativa,

evitando os obstáculos.

4. Robô DERVISH

- O dervixe apresentado na figura é um veículo de três rodas com os eixos das rodas a apontar para o centro de um triângulo.
- Se todas as rodas fossem acionadas à mesma velocidade, o veículo rodaria apenas em torno deste centro e não avançaria.
- No modo normal de detonação de minas, o Dervish avança a cerca de 1 m por minuto, uma velocidade definida pelo requisito de não haver espaços do tamanho de minas entre as lagartas das rodas.
- O Dervish pode transportar um detetor de metais, como o Schiebel AN 19/2, num invólucro de proteção resistente aos espinhos, com a cabeça do sensor a 60 graus do raio da roda.

Aplicações dos robôs

Aplicações de robôs industriais

1. Aplicações de manuseamento de materiais
- Envolvem o momento de materiais ou peças de um local para outro
- Inclui a colocação de peças, a paletização e a despaletização, a carga e a descarga de máquinas
2. Operações de processamento
- Requer que o robô manipule uma ferramenta de processo especial como os efeitos finais
- As aplicações incluem a soldadura por pontos, a soldadura por arco, a rebitagem, a pintura por pulverização, a maquinagem, o corte de metais, a remoção de rebarbas e o polimento

- Seguem-se as considerações a ter em conta num robô para manuseamento de materiais
  - o Orientação do posicionamento da peça
  - o Conceção da pinça
  - o Distância mínima deslocada
  - o Capacidade de peso do robô
  - o Exatidão e repetibilidade
  - o Configuração do robô
  - o Graus de liberdade

- Controlos
- Problemas de utilização das máquinas

3. Aplicações de montagem

- Envolvem o manuseamento de peças, a manipulação de ferramentas especiais e outras tarefas e operações automáticas

4. Operações de inspeção

- Requer que o robô posicione uma peça de trabalho para um dispositivo de inspeção
- Envolver o robô na manipulação de um dispositivo ou sensor para realizar a inspeção.

Referências

1. Er.A.K.Gupta, S.K.Arora, "Industrial Automation and Robotics", University Science Press (An Imprint of Laxmi Publications pvt.Ltd), Third Edition 2013
2. M.P.Groover, "Industrial robotics- Technology, programming and Applications", McGraw-Hill, 2016
3. SathyaRanjan Deb, "Robotics Technology & flexible Automation", Sexta edição, Tata Mcgraw-Hill Publication, 2011
4. John J. Craig, "Introduction to Robotics: Mechanics & control", segunda edição, 2012.
5. King Sun Fu, Rafael C. Gonzalez, C. S. George Lee, "Robotics: control, sensing, vision, and intelligence", Tata Mcgraw-Hill Publication, 2014.

Referências Web:

1. http://www.gorobotics.net/
2. http://www.robotbooks.com/general-robotics-links.html
3. https://ocw.mit.edu/courses/mechanical-engineering/2-12-introduction-to-robotics- fall-2005/lecture-notes/
4.
5.
6.

Printed by Books on Demand GmbH, Norderstedt / Germany